事例でわかる

プラスチック金型設計の進め方
―2プレート・3プレート・分割構造金型―

小松 道男 著

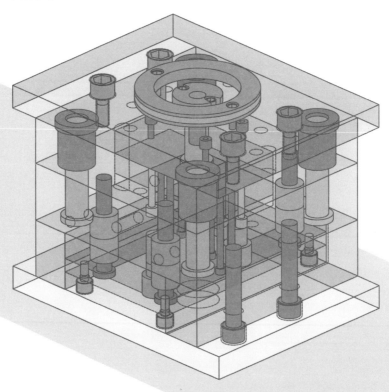

日刊工業新聞社

はじめに

　本書は、「2プレート金型」、「3プレート金型」、「分割構造金型」についてケーススタディ形式で金型設計の技術的思想の積み重ね方を解説しています。「プラスチック射出成形品の生産システム」を全体最適化するためには「全体最適化は、部分的最適化の和以上のものである」というシステムのシナジー効果（synergy：相乗）を正しく理解して最適な金型を設計する術を効果的に習得できるように工夫しました。

　設計技術は意思決定の連続により進められますが、有限の前提条件と時間の中で判断を下さねばならない大変厳しい業務です。置かれた環境が異なる度に判断も変化し、得られる結論も当然に微妙に変わってきます。本書で紹介した設計事例は、ある前提条件下で得られた意思決定の事例としてお考え下さい。的確な判断を下すためには頭脳で考える "Think" することが重要です。

　第4章には金型設計に必要な技術資料を抽出してあります。鋼材を工作機械で精密加工するためには、設計者が所望の性能を発揮できると確信した検討結果が図面上に表現されていなければなりません。プラスチック射出成形金型では高温・高圧の樹脂が金型部品に短時間に衝撃的に作用して変形や繰り返し荷重を受け、出来上がった成形品は収縮時に不規則に変形したり、金型部品同士の隙間に樹脂が入り込んでバリを形成したり、結果が予測しにくい場面が頻発します。予測範囲がグレーな状態を照らすのは信頼できるデータ群です。経験と勘の金型設計からデータに基づいた金型設計へシフトするために技術資料を活用してほしいと願います。

　本書の図面編集にあたっては、㈱NTTデータエンジニアリングシステムズの鈴木貴亮氏より多大なるご協力をいただきました。ここに感謝の意を表したく思います。また、本書出版にあたっては、日刊工業新聞社の森山郁也氏の労を多としました。本書が国内外のプラスチック射出成形金型設計技術の普及と技術水準の向上にいささかでも寄与できれば著者のこのうえない幸せであります。

2016年10月

技術士・小松　道男

目　次

はじめに ………………………………………………………………………… i

《プロローグ》
プラスチック射出成形金型設計の考え方 ………………………… 1

第1章　2プレート構造金型の設計事例

1.1　初期検討 …………………………………………………………… 10
　1.1.1　図面概要を把握する ………………………………………… 10
　1.1.2　斜視図のラフスケッチ ……………………………………… 12
　1.1.3　標題欄のチェック …………………………………………… 14
　1.1.4　注記のチェック ……………………………………………… 16
　1.1.5　平面図のチェック …………………………………………… 20
　1.1.6　SECTION A－A 図のチェック …………………………… 20
　1.1.7　裏面図のチェック …………………………………………… 20
　1.1.8　SECTION B－B 図のチェック …………………………… 22
　1.1.9　必要型締め力の検討 ………………………………………… 22

1.2　成形品基本図設計 ………………………………………………… 23
　1.2.1　成形材料の特性を把握する ………………………………… 26
　1.2.2　充填可否の検討 ……………………………………………… 28
　1.2.3　金型寸法の決定 ……………………………………………… 30
　1.2.4　パーティング面の決定 ……………………………………… 34

1.2.5	抜き勾配の設定：固定側	35
1.2.6	抜き勾配の設定：可動側	37
1.2.7	突出しピンの配置	37
1.2.8	ランナー、ゲート形状の決定	38
1.2.9	生産ショット数の記入	40

1.3　金型構造設計 ……… 40
1.4　部品図設計 ……… 53

1.4.1	キャビティの設計	53
1.4.2	コアの設計	58
1.4.3	コアピンの設計	62
1.4.4	電極の設計	66
1.4.5	固定側取付け板の設計	72
1.4.6	固定側型板の設計	75
1.4.7	可動側型板の設計	77
1.4.8	可動側バッキングプレートの設計	80
1.4.9	突出し板（上）の設計	82
1.4.10	突出し板（下）の設計	84
1.4.11	スペーサブロックの設計	84
1.4.12	可動側取付け板の設計	87
1.4.13	サポートピラーの設計	89
1.4.14	その他のモールドベース付属品	90
1.4.15	突出しピンの設定	93
1.4.16	スプルーブシュの設定	95

1.4.17　ロケートリングの選定 …………………………… 96
1.4.18　リターンピン用コイルスプリングの選定 …………… 96
1.5　検　図 …………………………………………………… 98
1.6　金型コスト見積り ………………………………………… 100

第2章　3プレート構造金型の設計事例
2.1　初期検討 ………………………………………………… 104
2.2　成形品基本設計 ………………………………………… 109
2.3　金型構造設計 …………………………………………… 114
2.4　部品図設計 ……………………………………………… 128

第3章　分割構造金型の設計事例
3.1　分割構造金型の利点 …………………………………… 164
3.2　初期検討 ………………………………………………… 165
3.3　成形品基本図設計 ……………………………………… 169
3.4　金型構造設計 …………………………………………… 174
3.5　部品図設計 ……………………………………………… 183

第4章 技術資料編

4.1 ゲートとメカ構造 ……………………………………… 208
- ゲート方案一覧 …………………………………………… 208
- アンダーカット処理方案一覧 …………………………… 213
- カートリッジヒータの選定方法 ………………………… 219

4.2 鋼材の特性 …………………………………………… 220
- 炭素鋼の状態図 …………………………………………… 220
- 主要鋼材の熱処理方案代表事例 ………………………… 221
- プラスチック射出成形金型用鋼のブランド名一覧 …… 222
- 金型の代表的表面処理方法一覧 ………………………… 223

4.3 力学計算 ……………………………………………… 224
- はりのたわみ計算公式集 ………………………………… 224
- 部材のたわみ公式集 ……………………………………… 225
- 断面2次モーメントと断面係数の一覧 ………………… 226
- 金型用金属材料の主要データ …………………………… 227
- 金属材料の許容応力データ ……………………………… 228
- 段付き平板における応力集中係数 a の目安（参考値）……… 229
- 段付き丸棒における応力集中係数 a の目安（参考値）……… 230
- 材料の線膨張係数一覧 …………………………………… 231
- 金属間の乾燥摩擦係数 …………………………………… 232
- 安全率の参考値 …………………………………………… 232
- プラスチック成形部の必要冷却時間計算式 …………… 233

長方形キャビティ側壁の必要肉厚の計算方法 ……………… 234
　　円筒形キャビティ側壁の必要肉厚の計算方法 ……………… 236
　　可動側型板のたわみ計算式 ……………………………………… 237
　　サポートブロックの挿入による最大たわみ量の変化 ……… 239
　　長柱の座屈強さの計算式 ………………………………………… 240
　　コアピン類の曲げ強度の計算方法 …………………………… 242
　　ノックピンなどのせん断強度の計算方法 …………………… 243

4.4　ホットランナー構造 …………………………………… 244
4.5　プラスチック材料の特性 …………………………… 246

《プロローグ》プラスチック射出成形金型設計の考え方

■金型設計の社会的役割

　プラスチック射出成形金型の国際的な需要動向は、各種調査予測データに基づけば今後も微増の傾向が続くものと考えられる。アジア諸国での需要は、地域間でのばらつきは見られるものの堅調に増加を続けるものと予想される。欧米でも金型の需要は増加予測が見込まれており、世界の主要な経済活動が活発な地域ではプラスチック金型の需要は増加基調にあると言えよう。このようなプラスチック射出成形金型の需要動向は、新しいプラスチック成形品の需要が自動車、電気・電子、航空機、機械産業、食品包装、医療用具、建設資材などの幅広い分野で新製品が開発され新たな消費需要を生み出していることに密接に関連していると考えられる。

　プラスチックの主要原材料である原油・天然ガスは有限の枯渇性資源であり、日本での産出がほぼゼロである。しかし、近年確立された採掘法により新しい原材料として北米を主要な産出地域とするシェールガスの台頭が予想されている。

　他方、化石燃料系プラスチック廃棄物による土壌汚染やマイクロプラスチック浮遊物による海洋汚染、燃焼処理時に発生する二酸化炭素による地球温暖化などの世界的に解決しなければならない環境課題は、未解決の重要な社会的テーマである。

　プラスチック射出成形技術や金型技術が工業的に確立されて半世紀が過ぎた今日、世界の持続的な経済成長を約束するためには、金型設計技術は上述したようなポジティブなテーマの技術確立とネガティブな課題の解決の双方に寄与

《プロローグ》 プラスチック射出成形金型設計の考え方

できることが社会的に要求される。過去50年の間に確立されてきた大量生産－大量消費－大量廃棄の社会サイクルの中で必要とされてきたプラスチック成形金型のあり方とは異なり、適量生産－適量消費－廃棄時環境配慮というサイクルに適合した金型の作り方を確立していくことが必要になってくる。

　このような金型を設計するためには適切な技術水準をもった人材が必要になってくる訳であるが、日本ではその専門教育を行う仕組みが十分に整備されていない実状がある。出生率の低下に伴う若年人口の伸び悩みや工学部を志望する学生の減少など、わが国の置かれた技術人材確保の環境は大変厳しい状態にある。プラスチック射出成形金型の設計技術を習得するためには、ある程度の深みをもったトレーニングを一定時間必要とするために人材を短時間では育てるのには困難がつきまとう。

　このように、プラスチック射出成形金型の需要は増加しているのに金型設計技術者が不足しているという相反する現状がある。その結果、金型の受注は優秀な金型設計技術者のいる企業へ集中し、金型納期が長期化する現象となって現れていると言えよう。翻ってこの状況を理解すれば、日本の高度の技術を習得したプラスチック射出成形金型の設計技術者は希少価値が年々高まっていくことが予想され、社会的な地位やその存在が一層に重要視されていくことに振れはないと著者は考えている。欧米ではプラスチック射出成形金型の設計技術者はすでに高い知見を有する高級技師の一つとして社会認知されており、アジア諸国では破格の待遇で処遇されることもしばしばである。

■金型設計の受けもつ機能

　具体的には金型設計はどのような機能を持ち合わせていなければならないのだろうか。おおむね8つのポイントが考えられる。以下にそれらについて視点を挙げる。

（1）受注決定をするためのバックボーン機能

　金型の受注を取り付けるためには並々ならぬ営業努力が必要になるが、最も決め手となるものに金型の設計技術力がある。例えば、客先より短い期間で金

型製作費の見積もり照会があった場合、的確かつタイムリーな対応ができるか否か。金型を受注するか断るかの意志決定をするためには金型設計の適切な深みのある情報が必要になる。製作工数はどのぐらいかかりそうか？金型製作上のリスクはどのぐらいあるか？納期対応が可能か？などである。また、競合する他社との合見積もりとなった場合、値引き交渉をどこまで可能なのかを判断する際にも金型設計の情報が頼りとなる。

切り口を変えてみれば、今まで金型パーツの機械加工のみを行っていた企業が金型全体の設計製作を受注できるようになれば、利益率は向上し、経営状況も改善されることはよく知られている。反面、金型の設計から受注をするということは、コスト、納期、品質保証の責任と支配権を委ねられたということになる。ハイリスク－ハイリターンとなる覚悟が必要であるが、国際競争に打ち勝ってサバイバルを果たすためには金型設計技術の獲得は避けては通れない道であろう。

（2）トータルコストの決定機能

成形品の製造原価を考えた場合、一般的には下記のような項目について製造コストを算出しておく必要がある。

① 金型製作コスト
② 成形加工コスト
③ 成形材料コストと歩留まり率
④ 二次処理コスト
⑤ 組立コスト
⑥ 検査コスト
⑦ 梱包・輸送コスト

これらのコスト群の70～80％は金型設計の段階でほぼ支配的に決定されるのである。

例えば、ゲート方式をサイドゲートとするか、トンネルゲートとするかの意志決定でゲートカットコストは大きく左右される。サイドゲートを採用しゲートカットコストを1個当たり1円と見積もれば、総生産量100万個であればコ

ストは 100 万円かかることになる。一方、トンネルゲートで技術的な対応が見通せるのであれば、この 100 万円は不要となる。

　この他にもランナー（スクラップ）の重量、成形サイクル、品質安定性などのファクターの適否でコストは大きく左右されることになる。

　金型の設計に際しては、金型の製作コストのみに気を配るのではなく、成形加工以後の工程でもどのぐらいのコストが発生するのかを常に意識をしておかねばならない。

（3）生産自動化の鍵を握る

　大量生産される成形品では組立ロボットや専用機で組立を行う。自動組立を行う場合には成形品に期待される品質は厳しいものがある。自動組立に配慮するためには、ゲート跡の品質管理、基準面や基準穴の寸法保証など生産技術的側面からの成形品の基本設計へのフィードバックアドバイスが必要となってくる。このようなノウハウや知識は成形品の設計者が持ち合わせているべきではあるが、現実的には成形品の設計者は電子的機能の検討や完成品全体の機能検討などに多くの時間を割かねばならず、十分な生産技術側の検討をできる時間が確保できないという実情がある。このような背景から、自動組立の効率化に寄与する重要な生産技術的検討がおろそかになりがちである。

　そこで、成形品の実質的な最終形状を決定する金型設計の時点で、こうした関連のノウハウを盛り込み、成形品設計者へフィードバックすることができる能力を兼ね備えておければ鬼に金棒である。

（4）新製品開発の基盤技術

　プラスチック部品の付加価値を高めるためには、完成品の開発技師は次のような切り口から常時検討を行っている。

　① もっと小型化できないか？
　② もっと薄型化できないか？
　③ もっと軽量化できないか？
　④ 環境配慮できる方法はないか？
　⑤ 金属部品を樹脂部品へ代替できないか？

⑥ 部品点数を減らせないか？
⑦ 新しい素材を適用できないか？
⑧ 新しい成形法を適用できないか？
⑨ 金型の取り個数を増やせないか？
⑩ 品質の安定性を改善できないか？
⑪ もっと美しい表面を得られないか？
⑫ もっとそりや変形を小さくできないか？
⑬ もっと耐熱性が高くならないか？

　このような新製品開発上の課題をクリアするためには、部品の生産技術、とりわけ金型設計技術に大きな期待がかけられる。無理難題を解決し力強く実現する手段として金型設計は切り札的存在となる。

（5）部品の複合化を実現する機能

　部品点数を削減することにより莫大な利益を手に入れた企業は世界中にたくさん存在する。スマートフォンや自動車部品などの構成部品を複合化することで成功したレポートを新聞や雑誌でしばしば目にしていると思う。インサート成形やガスアシスト成形、超臨界微細発泡成形などの成形技術や金型技術を駆使することでプラスチック部品の複合化は様々な分野で実現されている。

（6）国内産業基盤の持続的成長を担う

　わが国の通貨である円と米国ドル、ユーロなどの為替交換レートは日々変動し、円高になったり円安に振れたりすることは世界経済の流れとして技術者としてはどうしようもない出来事である。このような為替の変動に左右されることなく、実態経済の側面から高い利益率を維持できる生産効率を追求することが持続的な経済成長には不可欠である。

　プラスチック成形品の生産コストの決定権は金型設計技師が握っているウェイトが非常に大きいのであるから、付加価値の高い成形加工が実現できるように金型設計技師は、ありったけの知恵を絞って金型設計にあたって欲しいと思う。そのような設計能力を備えた技師は日本の宝であり、必ずや経営者に重用されるであろう。

（7）コンピュータ応用技術の具現化対象

CAD／CAMや樹脂流動解析CAEを活用できる対象として絶好なものがプラスチック射出成形金型設計である。CAD上で設計された金型部品データを光ファイバーネットワークを経由してCAMへ渡し、さらにCNC工作機械へ加工プログラムを転送して無人機械加工を行うスタイルが典型的な例である。また、樹脂流動解析された結果をゲート配置やランナーレイアウトに活用することにより高品位な金型設計を実現することもできる。

（8）ITの活用

コンピュータ上で作成された金型の図面や機械加工情報は、コンピュータネットワークを用いて瞬時に遠隔地へデータ転送ができる時代となった。データ容量が大きな情報であっても通信環境の進歩によって世界中と平易にやりとりができるようになるであろう。金型設計の情報は単なる生産技術上のデータだけではなく、企業における知的財産の一つとして重要な資産価値を有するようになってきている。また、金型内に設置された温度センサや圧力センサなどから提供されるデジタルデータを用いて成形品の品質監視（モニタリング）などを行い生産性を向上させる取り組み、いわゆるIoT（Internet of Things）はこの数年のトレンドとなるであろう。

■優れた金型設計をするためには

上述のように金型設計に課せられたテーマは企業戦略上大変重要な意義を有するようになった。優れた金型設計は、富を各方面に惜しみなく分配することができる。知的な設計を行うことはエンジニアにとっての誇りであり、誉れであることはもちろん、金型設計、射出成形加工、組立などの下流工程へも経済的な恩恵をもたらしてくれるのである。

以下に7つのヒントを紹介するので発想転換が必要になったときの参考としてほしい。

（1）トータルで考え、ローカルでのみ考えない

金型設計の段階ですべてのコスト、品質、納期のおよそ80％は決定されて

しまう。金型設計製図が簡便だとか、金型製作コストは安くなるとか、局部に限定された狭い視野でのみ考えることが適切でない場合がある。成形コストや二次処理コストまで考慮してトータルの生産コストを検討して得失を考えるべき場合もある。そのときのシチュエーションによって判断は分かれるわけであるが、トータルな視野を持ち合わせられることが優れた金型設計技術者への第一歩である。

（２）ユーザーの声に耳を傾ける

金型設計をする立場の者にとってユーザーとは誰のことを指すのだろうか。直接のユーザーは成形加工業者であろう。さらには二次加工業者や検査担当者、組立メンバー、エンドユーザーのお客さん、消費者もユーザーになる。さまざまな立場での金型に対する要望をいちいち聴いていたのでは仕事にならないという考え方もあるが、拝聴したご意見は即時実現が適わないとしても、いつの日か良いアイデアが浮かび課題を解決できる場合もある。商業の世界では「お客様は神様です」がビジネスの王道である。金型設計でもお客様＝ユーザーの意見を知らずして新しい発想は生まれてこない。自己満足のみではなく、ユーザー指向での設計を心がける姿勢が大切である。

（３）コスト感覚をもつ

「私が設計した金型は経済的効果をどのぐらい生むのだろうか？」そう自ら問いかける姿勢が大切である。金型の製作コスト、成形加工コスト、利益金額などを具体的にいくらになっているのかをきちんと知っている金型設計技術者は日本にあまり多くない。優れた金型設計技術者はこのような経済観念をきちんともっており、分析もできる。技術者としては金型を作り上げることのみではなく、生み出された金型によってどのぐらいの利益を生み出すことができるのかも当然に知っておかねばならない。それは自分の仕事に対する誇りにも通じてくるはずである。

（４）納期短縮を常に考える

いま、この品物をできるだけ早く手に入れたい。そのためにはどうすれば良いか、どんな手段があるか？「健全な手順省略をする」「スピードを上げて加

工する」「在庫しておいてそれを使う」など、さまざまなアイデアが浮かんでくる。マンネリ化した発想を変えて、どうすれば短納期で仕事をこなせるかを考える時間も必要である。

（5）新手法採用にチャレンジする

金型の世界では新しい加工技術や金属素材、標準部品などが次々と提案されてくる。従来の延長上だけで設計をこなしていけばほとんど危険はないが、世間に取り残されてしまう可能性が常に潜んでいる。新しい技術へ果敢にチャレンジするスピリットも大切である。成功率50％であるのなら熟慮の上、迷わずチャレンジしてほしい。たとえ結果が満足いくものでなかったとしても、そこから得られるデータは次の挑戦の場面で必ず生きてくる。積極的な攻める姿勢は客先へも必ず伝わり、発注先の選定を行う際にも好印象として評価されるであろう。

（6）コンピュータを使いこなす

CAD／CAM／CAEは、金型設計技術者の必須のツールでもある。可能な範囲でぜひコンピュータを使いこなしてほしい。「コンピュータ＝電子計算機」は、設計技師のあくまでも道具であるから、ソフトウエアに逆に使われないように留意したい。

（7）現場に足を運ぶ

機械加工の現場でも射出成形の現場でもよいから時々足を運んで観察をすることを忘れてはならない。現場には改善のアイデアや発想のヒントがごろごろしている。机に座って作図していることだけが設計の仕事ではない。現場を観察してアイデアを得ることも重要な仕事の一部である。実際に見て、触れて学ぶことは重要である。「優れた設計をするヒントは現場にあり」と言えよう。

第1章

2プレート構造金型の設計事例

第1章 2プレート構造金型の設計事例

第1章では実際の金型設計の流れに沿ったケーススタディを行う。なるべく実践的な状況設定をしたつもりなので、各設計工程での意思決定の背景、計算手法などを参考にしていただきたい。設計事例は「ABS製ハウジング射出成形金型」であり、「2個取り・2プレート構造」である。以下、設計手順に沿って解説を行う。

1.1 初期検討

金型設計を行う場合には、まず射出成形で作ろうとする成形品の部品図面の理解を十分に行うことから始める。部品図面は、通常は客先より支給され、紙図面またはCADデータとして情報をもらう。部品図面は、国内であればJISの製図規定に従って設計製図され、三角法が採用されている。

海外の客先の場合は、各国の工業標準規格やISOに準拠して設計製図されている。アメリカの場合は長さの単位がメートル（m）ではなくインチ（inch）で作図されているケースが多い。世界の大部分の国では日本と同様にメートル単位系で設計されている。今回の事例は、簡便のため日本国内の客先より支給された部品図面であるとして話を進める。

1.1.1 図面概要を把握する

成形品の部品図面は、一般に以下の構成を含んでいる（**図1.1**）。
① 平面図
② 正面図
③ 裏面図
④ 側面図
⑤ 断面図
⑥ 詳細図
⑦ 参考図

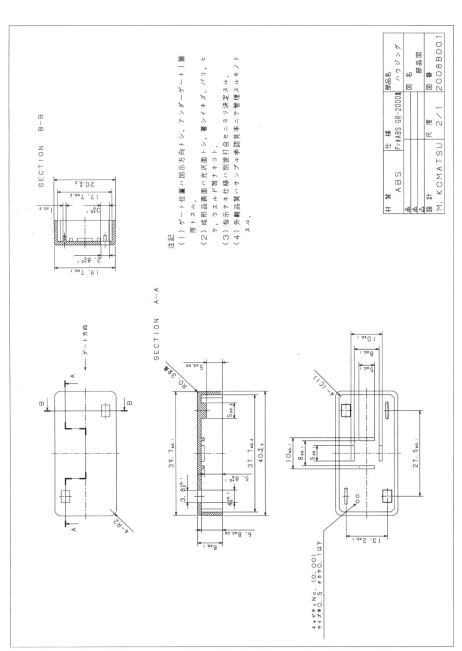

図1.1 部品図面

⑧ 注記
⑨ 公差一覧
⑩ 仕上げ記号
⑪ 標題欄
⑫ その他（バーコード、カルラコードなど）

　それぞれ何が書かれているのかを一通り目通しをする。そして、特に注意すべきと思われる箇所にはマーカーペンなどでチェックを入れる。初期検討をする際にはいろいろなアイデアを図面中に書き込むので、部品図面の原紙をコピーしたものにメモやチェックを記載するようにする。

　注意すべきポイントとしては、次のような点がある。
① 公差が特に厳しい部分
② アンダーカットなど難しい金型構造の部分、複雑な形状の部分
③ 現状の自分の知識では理解できない部分
④ 注記などの特別事項
⑤ 特殊な原材料
⑥ 肉厚が極度に薄い部分（目安として 0.7 mm 以下）
⑦ 肉厚が極度に厚い部分（目安として平均肉厚の 1.5 倍以上）
⑧ 外観上の特別仕様（鏡面仕上げ、シボ加工など）
⑨ 3 次元曲面形状となる部分
⑩ 設計者の氏名、部署名

　チェックした部分については以降、1つずつ納得のいくまで調べて検討を行っていく。

1.1.2　斜視図のラフスケッチ

　成形品の図面の把握が完了したら、次は斜視図のラフスケッチを行う。
　成形品の図面は、三角法により2次元の紙図面上に表現されているが、実際に製作される成形品は3次元の立体形状をしているから、具体的に自分の頭の中にイメージを思い浮かべないと金型の設計はできない。

そこで、自分の理解度チェックする方法として斜視図を書いてみるやり方がある。まず、メモ用紙を準備する。そして鉛筆と消しゴムを用意する。そうしたら、図面を見ながらフリーハンドで外側から見た成形品の斜視図をスケッチしてみる（図1.2）。立体図を瞬時に描けるように頭の中をトレーニングすることが金型図面を間違いなく設計するためには必要である。

　同様に今度はハウジングを裏返した状態での立体図をスケッチしてみる。今度はボスやリブがあるので、図1.2を描くよりは少し難しくなる（図1.3）。ボスやリブの関係が複雑になっているで、立体図を正確に描ければ形状を把握できていると考えてよい。

　次は、図1.1中のB-B断面線に沿って断面した部分の立体図を描いてみる。B-B断面は角穴とリブのある部分だから、このハウジングの中で複雑な部分の一つである（図1.4）。

　最後は、ハウジングの外形コーナー部分の3次元曲面部を拡大して立体図を描いてみる（図1.5）。

　コーナーR部分では3次元曲面がある場合が多く、場合によってはコーナー部の面の定義が何通りも考えられることもある（Rとは機械製図の規則で円の半径のことを意味する）。3次元部分は、金型では通常はマシニングセンタで機械加工されるが、CAMソフトウエアとの関係で、どのようなイメージになるのかをあらかじめ把握しておくことが必要である。稀なケースとしては成形品の部品図設計者が誤認して実際は形状定義できない作図をしていることもあ

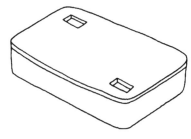

図1.2　斜視図

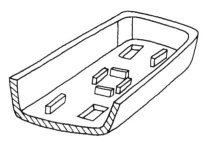

図1.3　斜視図

第1章 2プレート構造金型の設計事例

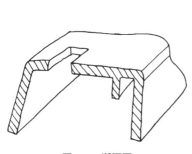
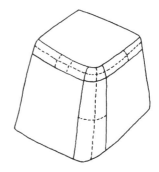

図1.4　断面図　　　　　図1.5　3次元曲面部斜視図

る。そのような場合に早めに形状が誤っていることを知らせて正しい形状に再設計してもらうためにもコーナー部や3次元曲面については立体図を描くことをお勧めする。

　その他に理解が不十分なところがあれば、どんどん立体図を描いてみる。自分自身が納得して成形品形状が頭の中に浮かぶまでこの作業は行う。

　また、ゴム粘土を使ってモデルを作ってみることも有意義である。立体のイメージが浮かびにくい部分で実際に形状を作って確かめることは勘違いを防止するためにしばしば行われている。

1.1.3　標題欄のチェック

　成形品の形状が理解できたら、次は詳細仕様について1つずつチェックを行っていく。まずは、図面の顔ともいえる標題欄をチェックする。標題欄は各社のそれぞれの規則に従って記載項目が書かれている。本例の場合は、以下の項目が記載されている。

① 部品名

　この部品の名称が記載されている。「ハウジング」が部品名になる。客先や金型製作部署とのやりとりでは、この部品名が使用されていく。

② 図名

　図面の名称が記載されている。「参考図」、「検討図」、「部品図」など図面の

使用目的が書かれている。

③ 図番

図面を管理する上で使用される番号である。契約書、CADデータ、製作指示書などにはこの図番が用いられる。各部署とのやりとりもこの図番を使って行うようにする。

④ 材質

ハウジングの材質名（プラスチックの材質）が記載されている。「ABS」がこの場合の材質名である。ABSとは、アクリロニトリル（A）・ブタジエン（B）・スチレン（S）共重合体という熱可塑性樹脂のことである。ABSは、文房具、家電部品、自動車内装部品、玩具などにたくさん利用されている。

プラスチック（Plastic resin）とは可塑性のある樹脂のことで、射出成形で使用される樹脂はほぼ全てが合成樹脂である。合成樹脂には熱可塑性樹脂と熱硬化性樹脂があり、射出成形では熱可塑性樹脂が90％程度使われている。本書で対象とする射出成形金型は熱可塑性樹脂用となる。

⑤ 仕様

材質の仕様詳細が記載されている。この場合、「デンカ ABS　GR－2000 黒」と記載されているが、その意味は次の通りである。

デンカ ABS：材料メーカー〔デンカ㈱〕の樹脂グレード名（商品名）

GR－2000：樹脂グレード番号

黒：樹脂の色彩

一口にABSと言っても、国内、海外含めると樹脂メーカーは数十社、100種類以上のグレードがある。樹脂メーカーやグレードによって樹脂の物性や流動性が異なるので、金型設計の方針も材料によって変えなければならない。

樹脂のグレードが図面記載から特定されたならば、樹脂メーカーより材料カタログを入手し、金型設計に必要な物性データを入手する。会社によっては射出成形のガイドブックなども提供してもらえる場合もある。

⑥ 尺度

図面の縮尺が記載されている。この場合、「2/1」だから2倍図で描かれてい

ることを意味している。

⑦ 設計

成形品の設計者の氏名と設計日が記載されている。図面上での不明点については、この設計者に問い合わせをしたり、図面変更の依頼を行うようになる。

⑧ 変更欄

図面中に記載されている事項を設計変更する場合が実際には時々ある。例えば、客先仕様が変わったり、誤記を修正したり、品質向上のために設計内容を変えることがある。また、金型を製作した結果、成形品の寸法公差を広げたりしてもらう場合もある。このような図面の変更があった場合、その内容を変更欄へ記載する。変更された箇所には変更マーク（△印、※印など）を図面中に記載し、変更の箇所数、変更の理由なども記載される。

例えば、「△1×3箇所　仕様変更　2016／11／15」のように記載する。

1.1.4　注記のチェック

注記には図上に記載できない事柄や特別に留意すべき事項が指示されている。

「ゲート位置ハ図示方向トシ、アンダーゲート1箇所トスル」

ゲート（樹脂の注入口）の位置は、図面中の指示方向からにしなさいと規定されている。したがって平面図右側方向よりゲートを設けることになる。

また、ゲートの種類はアンダーゲート（オーバーラップゲート）という方法を採用する旨指示されている（**図1.6**）。アンダーゲートは、樹脂を成形品の

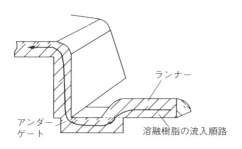

図1.6　アンダーゲート

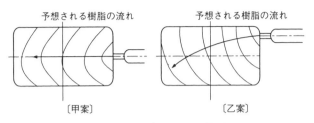

図1.7 アンダーゲートの位置

下側より流入させる場合に用いられる。成形品として取り出した後にナイフなどで切断する。

　ゲートの数は1箇所となっている。ゲートの本数や位置は、成形品の品質やコストを決定するために大変重要である。ゲートのサイズ、方式によって成形品の収縮率や寸法ばらつき、保圧の効き具合、ウェルドラインの位置などの外観品質が左右される。この場合、「1箇所」という指定のみで、位置については触れられていないので任意の位置に配置することができると解釈できる。そうするとゲートを中央部へ配置する案（甲案）と端部へ配置する案（乙案）の2通りが考えられる（図1.7）。

　甲案の場合、中央部にゲートがあるので溶融樹脂は成形品の中心線に対称な流れ方をして最終充填を完了できると考えられる。つまり、上下バランスがよく充填するので、収縮の仕方や樹脂温度分布も対称になると予想される。

　一方、乙案の場合、充填は非対象形に行われると考えられ、対角線上にそりや変形が発生し、非対称形の寸法ばらつきやねじれが発生する恐れがある。したがって、この場合は甲案を採用するのが適当であると結論付ける。

　ただし、キャビティのレイアウト配置や冷却水穴などとの干渉が出てきたりする場合には乙案に変更しなければならない場合も出てくる可能性もある。

「成形品表面ハ光沢面トシ、著シイキズ、バリ、ヒケ、ウエルド等ナキコト」

　成形品の表面品質について規定している。表面は光沢面とする旨記載されている。光沢面でない面としては、梨地面、エッチング面、ショットブラスト面、木目模様などがある（図1.8）。光沢面であってもレンズやプリズムのような

第1章 2プレート構造金型の設計事例

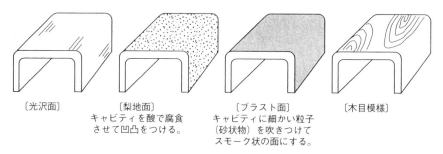

図1.8 成形品の表面品質の例

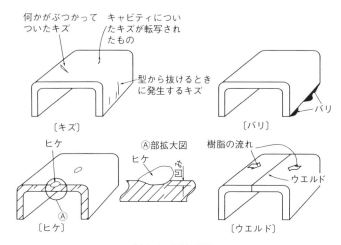

図1.9 不良現象

光学部品の場合には、鏡面仕上げとなるように規定されている場合もある。

また、外観上の欠陥についても規定されている（図1.9）。

キズ（傷）は、成形品表面についたスクラッチ（ひっかき傷）や金型についてしまった傷の転写などがある。これらは品質不良となる。

バリは、成形品の一部に正規の形状ではない余分な樹脂がはみ出している状態のことで、バリがあると人間の皮膚を傷つけたり、他の部品を組み立てる際に邪魔になったり、電気部品の接触不良などを引き起こす不良である。

ヒケは、成形品の表面に発生する凹みのことである。肉厚が異常に厚い部分

の表面に過剰な収縮が発生して起こる不良である。ヒケは外観の高級感を損なう。

ウェルドは、樹脂の流動先端が合流した面に発生する細い線で傷のように見えることもある。外観上の不良だが、ウェルド部は密着が弱く、強度不足の不良としてとらえられる場合もある。

「指示ナキ仕様ハ別途打合セニヨリ決定スル」

図面上に指示できない事項や特別に後から追加になった事項などについては、打合せで決めることを規定している。したがって、金型設計を進行していく途中で改善案を提示したり、寸法変更などを検討したい場合には、設計者と打合せをして検討することになる。通常、打合せ内容は議事録を作成し書面で記録を残す。口約束で済ませてしまうと設計者が不在の時や設計者以外の人とやりとりする際に誤った判断をしてしまう危険がある。

「外観品質ハサンプル承認見本ニテ管理スルモノトスル」

外観品質については、サンプル承認見本を作製し、それにより管理する旨規定している（図 1.10）。金型の合格検収を行う場合には、このようなサンプル承認を取り交わす場合が一般的である。

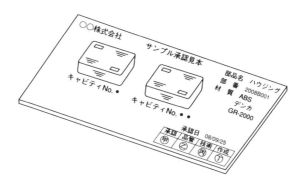

図 1.10　サンプル承認見本の例

1.1.5　平面図のチェック

平面図ではゲート方向と4カ所のコーナーにR2が設けられていることがわかる。あとはA－A、B－Bの断面位置の指定があるのみである。

特に重要なポイントはないようである。

1.1.6　SECTION　A－A図のチェック

SECTION　A－A図には重要なポイントがたくさんある。

外形寸法は、底部は$40_{-0.2}^{\ 0}$と－側の片側公差になっている点をマークする。これに対して上部は$39.7^{\pm 0.1}$と両側公差になっている。金型の製作上、ねらい寸法を決定する場合に、この公差に関して配慮する必要がある。詳しくは後述する。

外形高さ寸法は$8^{\pm 0.1}$である。こちらは両側公差になっている。

天井までの高さは$6.8^{\pm 0.05}$となっている。公差の幅が± 0.05と厳しくなっている点をマークする。

内側寸法は$37.7^{\pm 0.2}$となっている。これは両側公差のうえ± 0.2とラフな設定になっている点をマークする。肉厚の決定をする場合などに公差がラフであると対処しやすい。

中央ボス部の高さ寸法は$5.8_{\ 0}^{+0.1}$となっている。＋側の片側公差となっている点をマークする。

右側リブ形状は、幅寸法は$5^{\pm 0.2}$、高さ寸法は$5^{\pm 0.03}$である。幅寸法はラフだが、高さ寸法はシビアである点をマークする。

左側角窓寸法は、角窓にはテーパ（両側勾配）がついていて上側$3.8_{\ 0}^{+0.1}$、下側$4_{\ 0}^{+0.1}$と＋側に寸法が設定されているところをマークする。

最後に天面コーナー全周にR0.3が設けられている点をマークする。

1.1.7　裏面図のチェック

裏面図は、ハウジングの裏側形状を示す図である。

まず、リブと角穴部のセンターピッチ $27.5^{\pm 0.1}$、$13.2^{\pm 0.1}$ をマークする。次に、中央リブ4カ所の寸法をチェックする。X方向もY方向も $10^{\pm 0.1}$、$8^{\pm 0.1}$、$5^{\pm 0.1}$ と同寸法の点対称である点をマークする。対称図形はCADで作図する際にコピー機能で平易に作図ができるからである。

　次に、コーナー部にはC1がある。「(C1)」と括弧寸法になっている点に留意する。機械製図では括弧寸法は参考寸法という意味があり、さほど重要でない部分の寸法指示に用いられる。したがって、形状や寸法の変更要求をした場合に認められる可能性が高い。

　最後は、キャビティNo.をチェックする。キャビティNo.とは、2個取り以上の金型で、どのキャビティで成形されたものかを確認するための印のことである（図1.11）。この場合、直径 $\phi 0.5$ のマークを1つ設けるものと2つ設けるものをそれぞれ1個ずつ製作する旨指示されている。キャビティNo.は、成形品上では凸形状になるため凸の高さ寸法も留意する必要がある。尾の場合は0.1以下である点に留意する。

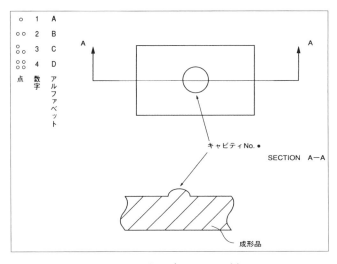

図1.11　キャビティNo.の例

1.1.8　SECTION　B−B図のチェック

　SECTION　B−B図は、平面図のB−B線に沿って断面した部分について作図された図である。B−B線は角穴およびリブ部を通っている。

　ハウジングの外形寸法は底部で$20_{-0.2}^{\ 0}$と－方向片側公差になっている。これは長手方向の$40_{-0.2}^{\ 0}$と同じである点をマークしておく。

　上部寸法は、$19.7^{\pm 0.1}$である。こちらの公差も同様に$39.7^{\pm 0.1}$と同公差である。したがって外形寸法の公差は、底部では$_{-0.2}^{\ 0}$、上部では± 0.1であることがわかったのでマークしておく。

　リブ幅は$1^{\pm 0.2}$となっている。これはリブ長さ$5^{\pm 0.2}$の公差と同じで、ラフな公差でよいことがわかった。

　最後に角窓寸法は、下側が$3_{\ 0}^{+0.1}$、上側が$2.8_{\ 0}^{+0.1}$なので、角穴長手方向寸法公差と同じであることがわかった。つまり、角穴は全て$_{\ 0}^{+0.1}$と大きめの公差で作っておくことが必要だということがわかった。

1.1.9　必要型締め力の検討

　溶融樹脂を射出した際に、金型のパーティング面が圧力によって開かないように金型を締め付けておかなければならない。その力を必要型締め力という。したがって、射出成形機の選定では必要型締め力を十分にカバーできる大きさの成形機を選定することになる。

　必要型締め力Fは次式により算出する。

$$F \text{(kgf)} = p \times A$$

　　　　p：キャビティ内圧力 (kgf/cm^2)

　　　　A：投影面積の合計 (cm^2)

この場合、$p = 400\ \text{kgf/cm}^2$と仮定する。pは、樹脂の種類、金型温度、ゲート本数などで変動する。一般には$300 \sim 600\ \text{kgf/cm}^2$程度である。

　Aは、キャビティ2個およびランナー部のパーティング面への投影面積の総和である。したがって、

$$A = (4 \times 2) \times 2 + 1$$
$$= 17 \, (\text{cm}^2)$$

となる（ランナー部は $1\,\text{cm}^2$ と仮定した）。

ゆえに F は、

$$F = p \times A$$
$$= 400 \times 17$$
$$= 6,800 \, (\text{kgf})$$
$$= 6.8 \, (\text{tf})$$
$$= 66.3 \, (\text{kN})$$

となる。

したがって成形機は $7\,\text{tf}$ $(66.3\,\text{kN})$ 以上の型締め力のある機械を選定する。

☆　　　☆

これで全ての記載事項について一通り理解することができた。それぞれ確認した寸法や注記にはマーカーペンで色を塗るとか、赤ボールペンで確認済みの寸法の隣にレ印を書くなどして、漏れなく確認をする。

もし1カ所でも確認漏れがあると、金型設計を行っている最中に致命的な見落としになり、設計を最初から検討し直ししたり、たくさんの図面の書き直しになったりする。

これで初期検討を終了する。

1.2　成形品基本図設計

初期検討が終了した後は、図1.12に示すような設計ルーチンに従って金型を具体的に設計していくことになる。これからの作業には製図を行う必要があるので、次のいずれかの設備を用意する。

(a) 製図板＋T定規＋三角定規＋製図道具
(b) ドラフタ＋製図道具

第1章　2プレート構造金型の設計事例

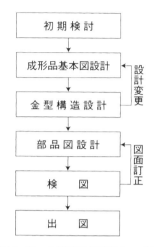

図1.12　金型設計の思考ルーチン

(c) 2次元CAD＋プリンタ
(d) 3次元CAD＋プリンタ

　本書では3次元CADソフトウエアである㈱NTTデータエンジニアリングシステムズのSpace‒E／ModelerおよびSpace‒E／Moldを用いて以降製図を行う。

　金型設計は、いわゆる機械製図に属するので、JIS機械製図規定に準拠して製図を行う。製図規定については、詳細は割愛するが十分に内容をご存知ない方は別途設計製図便覧などを参照していただきたい（JIS B0001：2010）。

　プラスチック射出成形金型の設計では、成形品基本図の製図が最初の図面作成になる。成形品基本図とは、金型の寸法やゲート形状、突出しピンの配置などを決定した図面のことで、部品図設計を進める上での基準となる重要な図面である（図1.13）。肉厚関係図、関係図、基本図などとも呼ばれている。

　成形品基本図では、金型を製作する上で成形品本体に関係すると思われる内容を具体的に作図して、寸法の決定を行う。したがって、様々な知識や経験を盛り込んで寸法の決定が行われる。成形品基本図設計の良し悪しで金型の性能の80％程度は決まってしまうと考えてよいだろう。

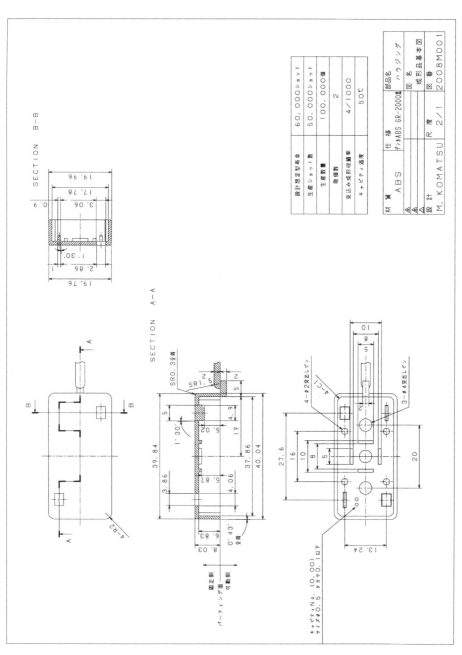

図1.13 成形品基本図面

第1章 2プレート構造金型の設計事例

以下に具体的な設計手法を順次解説していく。

1.2.1 成形材料の特性を把握する

成形材料がABSということはすでにわかっているが、具体的にもっと深く掘り下げて物性値を把握することが必要である。

表1.1にABSの特長をまとめてある。このような特徴は、プラスチック便覧やメーカーの材料カタログに記載されているので、それらを入手してこれから金型設計で使用する素材のことをよく知っておいていただきたい。もしあなたが板前で、これから初めて扱う素材を使って料理を作ろうとしていたのなら、その素材についてあらかじめ調べてみるのと訳は同じである。

表1.1には具体的な物性値も示す。この数値の中で金型設計上、最も重要なデータは成形収縮率である。熱可塑性プラスチックは、溶融した後に冷えて固

表1.1 ABSの物性値（代表的なもの）

物　性		耐衝撃用	耐熱用	透明用
成形収縮率	%	0.4〜0.5	0.3〜0.5	0.3〜0.5
比　重	—	1.03	1.04	1.07
引張りの強さ	kgf/cm²	300	430	330
引張りの伸び	%	20	15	50
曲げ弾性率	kgf/cm²	20,000	26,000	20,500
アイゾット衝撃値	kgf・cm/cm	29	15	13
硬　度	HRR	104	113	108
荷重たわみ温度	℃	88	103	87

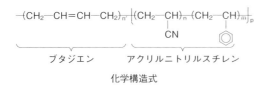

化学構造式

＝特徴＝
①非晶性である。
②不透明である。
③バランスのとれた機械的性質をもつ。
④成形収縮率が小さい。
⑤表面光沢がよい。
⑥耐熱性は高くない。
⑦射出成形加工性がよい。
⑧天候により劣化する。
⑨酸・アルカリには強い。
⑩有機溶剤には弱い。

まる際に体積収縮を伴う。つまり、冷えて固まる時にどのくらいの割合で縮むのかを示した数値が成形収縮率になる。

本設計事例では、デンカ㈱の「デンカ ABS」GR－2000 というグレードを採用している。このグレードは、成形収縮率は 0.4～0.5％程度となっている。収縮については、この後さらに詳しく説明する。

ABS は、熱可塑性プラスチックの中では非晶性プラスチックに分類される（表1.2）。非晶性プラスチックは、分子構造が無定形の高分子（50,000～100,000 個くらいの分子が集まって形成された分子）がランダムに絡み合っている組成をしている。一般に非晶性プラスチックは成形収縮率が小さい傾向がある。

これに対し結晶性プラスチックというものがあるが、これは結晶構造をもった折りたたみ構造という組成をしている。結晶を作る際に余分に収縮するため

表1.2　プラスチックの分類

分子構造	ランダム構造	折りたたみ構造	配向構造
名称	非晶性プラスチック Amorphous Polymer	結晶性プラスチック Crystalline Polymer	液晶性ポリマー Liquid Crystalline Polymer
代表的樹脂	ABS PS PMMA PVC PC	PA POM PBT PPS PE	LCP

〔出典〕工業用熱可塑性樹脂技術連絡会編「エンプラの本」

に成形収縮率は大きくなる傾向がある。結晶性プラスチックの金型設計は成形品の寸法を狙い通りに得ることが難しく、難易度の高い金型設計技術が必要になる。

この他に液晶性ポリマーという分類がある。

1.2.2 充填可否の検討

このハウジングで、アンダーゲート1カ所で金型を製作するようにとの仕様があったが、果たして1カ所のゲートから溶融樹脂を完全に充填することは可能だろうか？ このことを検討する必要がある。

この検討は、まず流動比 L/t により簡易的に行うことができる。流動比 L/t とは、溶融樹脂がある一定の板厚の金型内をどのぐらいの距離まで流動させることが可能かを実験的に示す値である。図1.14に示すように、射出成形機の射出シリンダの中の溶融樹脂の充填圧力 p（kgf/cm^2）で厚さ t（mm）の金型内に充填した時に最大距離 L（mm）まで流れたとすると、「厚さ t の時、射出圧力 p では流動比 L/t は L mm」のように表現する。L/t は、厳密にはランナーやゲートの形状、部品の形状、成形条件などでばらつきがあるので、概略の目安として取り扱う。

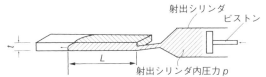

流動比 L/t：溶融樹脂がある厚みでどのぐらいの距離まで流れるかを示した指標。
射出圧力、ランナーゲート形状、部品形状などによって実際の L/t は変わってくるので、通常は概略の目安として取り扱う。

$t = 1$ mm の場合

樹脂名	p	L/t
ABS	900 kgf/cm^2	270〜310

図1.14 ABSの流動比（L/t）

ABSの場合、厚さ1mmで$p = 900$ kgf/cm^{2}ではL/tは270〜310mm程度である。これをハウジングの実際寸法で検証してみる。

図1.15は、その検討例である。ハウジングを平面上に展開し、ゲートaから最も離れた位置bまでの最大流動長Lは57.2mmとなる。板厚tは部品図より側肉は1mm、天肉は1.2mmであることが確認される。

天肉は側肉よりも厚いので流動はされやすい。したがって、側肉の厚さ1mmの流動比データを適用できると判断する。そうするとABSの流動比L/tは$p = 900$ kgf/cm^{2}で270〜310mmは流動するので、比較してみると57.2mmははるかに小さいことがわかる。つまり楽々と充填できると判断できる。

しかし、成形品の途中に厚さが1mm以下の部分がある場合、特に厚さ0.7mm以下である薄肉部分がある場合などは充填できない可能性がある。

このように流動比L/tは概略の充填可能性を簡便に検討する手段として利用する。厳格な充填可否の検討は樹脂充填解析CAEで検討したり、試作金型を利用して実際の流動状況を確認するなどの手段を用いるようにする。

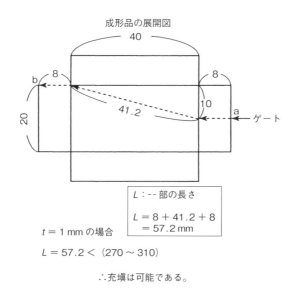

図1.15　L/tの計算

1.2.3 金型寸法の決定

ゲート1カ所で充填が可能なことがわかったので、次に金型の製作寸法を決定する。前述のように溶けた樹脂は冷えて固まる際に収縮する。**図 1.16** はそのモデルを示す。

金型の製作寸法を L_0 とした場合、溶けた樹脂がキャビティ内に充填され、冷却固化すると、キャビティから取り出された成形品の寸法は L になる。この場合、収縮量 ΔL は $L_0 - L$ となる。ΔL を L_0 で割って得られた数値 α のことを成形収縮率という。成形収縮率 α は、厳密には保圧、キャビティ表面温度、成形品肉厚、ゲート形状、樹脂の流動方向と流動直角方向といった諸条件によりばらつきをもっている。したがって、かなり精密な金型を設計する場合には、これらの諸条件を念頭に入れた実績データから得られた成形収縮率を金型設計に用いる。

本例の場合は、ABS 樹脂でこのグレードの場合、金型温度（キャビティ表面温度）50℃で $\alpha = 0.4\%$ として計算を行う（材料カタログ値に経験値を加味して決定した）。

図 1.17 に示す式を整理してみると、これから作ろうとする成形品の寸法を得るためには金型をいくつの寸法で製作すれば良いかを決定することができる。20℃において成形品寸法 L を得たいとすれば、キャビティ表面温度 T ℃における成形収縮率 α と考え、

$$L_0 = (1 + \alpha) \times L \quad \cdots \cdots \quad (1.1)$$

または、

$$L_0 = -L / (\alpha - 1) \quad \cdots \cdots \quad (1.2)$$

という式を導き出すことができる。

正確には式（1.2）で計算するのが望ましいが、式（1.1）で計算をしても計算精度には大差がないので、通常は式（1.1）を使う。

この場合、$\alpha = 0.4\%$ だから、

$$L_0 = (1 + 0.4\%) \times L$$

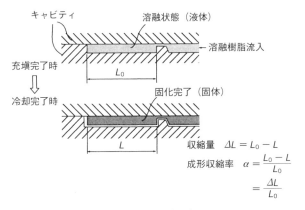

図1.16　成形収縮現象

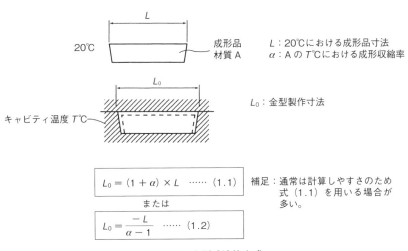

図1.17　金型寸法算出式

$= (1 + 4/1,000) \times L$

$= (1 + 0.004) \times L$

$= 1.004 \times L$ ……(1.3)

ということになる。

つまり、$L = 10\,\mathrm{mm}$ の成形品寸法を得るためには、

第1章 2プレート構造金型の設計事例

$$L_0 = 1.004 \times L$$
$$= 1.004 \times 10$$
$$= 10.04 \text{（mm）}$$

となり、10.04 mm で金型のキャビティを製作すればよいことになる。

以降、式（1.1）を使って全ての寸法を計算する。計算結果は赤ボールペンなどで図面の原寸法の脇に記入する。計算の桁数は下2桁までを計算すればよい。端数は四捨五入か切り捨てる。下2桁以上の計算をしても、鋼鉄で作られる金型のキャビティを工作機械で加工する精度は合理的な価格では工作できないので通常は意味がない。

成形品の寸法公差の指示などによって、以下のように計算の方法を補正する。

① 寸法公差が±である場合（$39.7^{\pm 0.1}$ の場合）

$$L_0 = 1.004 \times 39.7$$
$$= 39.86 \text{（mm）}$$

となる。

② 寸法公差が片側交差である場合（$40_{-0.2}^{\ 0}$ の場合）

$40_{-0.2}^{\ 0}$ の場合、出来上がった成形品は0から−0.2の公差内に収まるようにしなければならない。したがって、金型を作る場合は、40を狙うのではなく、公差の範囲の中心をねらうのが最善である。つまり、ねらい寸法を39.9とする。

よって、キャビティの製作寸法は、

$$L_0 = 1.004 \times 39.9$$
$$= 40.06 \text{（mm）}$$

となる。

③ 金型製作上のリスクを考慮した補正

基本的には、①、②の方法で計算した数値を金型の製作寸法とするが、さらにもう一歩踏み込んで金型の製作寸法を補正する場合がある（**図 1.18**）。

（a）キャビティ寸法

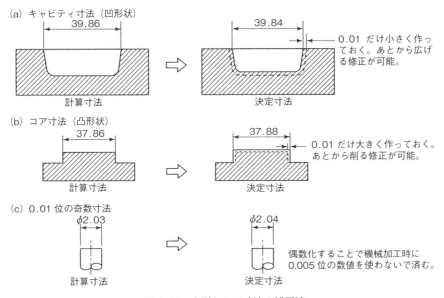

図 1.18　金型ねらい寸法の補正法

　キャビティのように金型の凹みとなる形状の寸法は、計算値よりも一回り小さく作っておくことがキャビティの作り替えリスクを低減させるノウハウである。金型を製作した後に成形試作を行った結果、予想よりも収縮が小さかった場合には凹み寸法を小さく修正しなければならないが、一度掘り込んでしまった寸法を元に戻すことはできない。溶接肉盛補修ではキャビティが痛んでしまい使い物にならない。

　そこで、キャビティを一回り小さく製作しておいて、成形試作後の収縮状況を確認してから凹み部分を機械加工で彫り込み修正できるようにした方が合理的である。凹みの補正寸法量は片側で 0.01 から 0.02 mm 程度とする。

　例えば、計算した寸法が 39.86 mm であれば補正して 39.82 か 39.84 とする。

　(b)　コア寸法

　コア形状（凸形状）は、(a) と同様に考えて金型を削って修正できるように

一回り大きく製作するようにする。

(c) 0.01 位の奇数寸法の偶数化

例えば、φ2.03 mm という 0.01 の位での寸法が奇数になった計算結果となった場合、これを φ2.02 または φ2.04 に丸めて偶数化することが合理的である場合がある。金型部品を工作機械を使って加工する場合、0.001 の位の寸法公差が発生すると機械工作では精度の高い工作機械や工具を使わねばならず、加工時間も余計にかかり製作コストが上がる。

金型部品の製作寸法が 0.01 の位が奇数の場合、円筒加工であれば半径長さを工具を移動させて加工するので 0.005 mm の数値が出てくる。そこで、円筒形状の場合、0.01 mm 単位は偶数化すれば工具の送りは 0.01 mm で対応が可能となる。金型部品の製作コストよりも加工精度を重要視する場合には奇数でも構わない。

以上、説明した手順で金型の製作寸法に基本となる数値を全て算出する。この後、さらに成形加工性や機械加工性を考慮してさらに寸法の変更や形状の変更補正を加えていく。

1.2.4　パーティング面の決定

金型製作寸法の仮決めと前後して初めに決定しておかねばならない事項にパーティング面の決定がある。パーティング面とは、金型を可動側と固定側に分割する面のことをさす。Parting Line を略して PL 面と呼ぶ場合もある。

成形品を金型から取り出すためには最低でも 1 つの面で金型が開く必要がある。成形品の形状によっては金型が開く面が 2 つ以上になる場合もある。

パーティング面の決定には、以下の事項を考慮する。

① なるべく 1 つの平面で分割できること。
② アンダーカットの処理などが極力少なくなること。
③ 型がなるべく簡単に作れること。
④ 固定側からの離型不良が発生しないこと。
⑤ 外観面や摺動面に分割線が入らないこと。

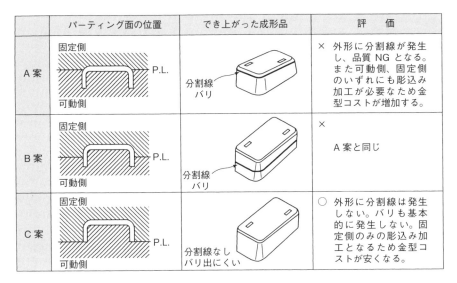

図1.19　パーティング面の決定

　本例の場合、図1.19に示すように、さしあたりA、B、Cの3つの案が考えられるが、A、B案の場合、外形に分割面が発生してしまうので部品図に記載されているキズ、バリなどに相当するため仕様を満足できなくなってしまう。したがってA、B案は採用できない。仮にA、B案を採用したとすると、成形品形状を可動側と固定側にそれぞれ彫込みをしなければならず、機械加工工数が増加するデメリットが生じる。そこで、C案をパーティング面にすることにする。

　パーティング面に対して、金型が開いた時に成形品を残す側を可動側といい、反対側を固定側という。固定側のことは射出側という場合もある。

1.2.5　抜き勾配の設定：固定側

　パーティング面が決定したら、次に成形品の金型からの離型（抜け具合）を想像する。金型内で冷却固化が終了した成形品は、型開きをした後は可動側へくっついた状態になっている必要がある（特殊な金型構造である場合を除く）。

第1章 2プレート構造金型の設計事例

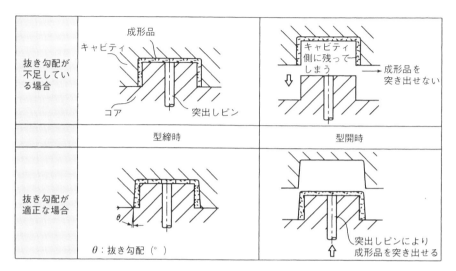

図1.20 抜き勾配

図1.20に示すように、固定側の成形品のキャビティからの抜け具合が悪いと成形品はキャビティに残ったままになる。これを離型不良という。離型不良が発生すると、成形品を突き出して取り出すことができなくなり、気付かない状態で金型を閉じてしまうと成形品を挟んだまま型閉めが行われ金型が破損する危険がある。

離型不良を避けるためには成形品を固定側のキャビティから抜けやすくする工夫が必要である。そのために、固定側のキャビティ彫込みの周囲に抜き勾配と呼ばれる角度を設けて抜けやすくする。抜き勾配は角度が大きいほど効果的だが、成形品の寸法公差との関係で制限される。

本例では全周に0°43′を設けた。そして、先に計算した金型製作寸法の許容公差内に収まるように最終的な確認を行う。

長手方向ではパーティング面側が40.04、天面側が39.84とし、これらを最終的な金型製作寸法とした。同様に短手方向では19.96、19.76とした。

1.2.6　抜き勾配の設定：可動側

　可動側へ引っ張られた成形品は、突出しピンなどによりコアから突き出されて取り出される。突出しの際にはコアからスムーズに離型される必要がある。離型に大きく力がかかると成形品が突出しの際に割れたり、変形したり、リブなどがちぎれてコアに残ってしまう場合もある。そこで、可動側のコアやリブにも抜き勾配を設ける場合がある。特に深いリブやボス形状では大き目の抜き勾配を設ける（目安として片側 1 ～ 3°）

　本例では B－B 断面上のリブに全周 1° 30′ の抜き勾配を設けた。この場合も成形品部品図上の寸法公差内に収まるように検討する。もしどうしても公差内に収まらない場合には、成形品設計者と交渉して公差範囲を広げてもらう交渉をすることもある。

1.2.7　突出しピンの配置

　続いて、突出しピンの配置を検討する。突出しピンはエジェクタピンとも呼ばれる鋼鉄製の細いピンで、成形品をコアから突き出す際に使用される。
　突出しピンは、以下の方針に沿って配置を行う。
　① できるだけ太径のピンを選択する。細いピンは折れやすく、ピンを設置する穴の機械加工も難しくなり、機械加工コストが高くなる。
　② できるだけ円形断面のピンを採用し、長方形断面の角ピンは避ける。ピンを設置する穴の加工は、円形であれば平易であるが長方形の穴加工は難しく、コストも高くなる。
　③ 成形品をバランスよく突出しできるように配置する。
　④ リブ、ボスなどは両側から挟みこんで配置する（**図 1.21**）。
　⑤ ピンの設置穴とコアの余肉は 1 mm 以上は確保する（穴が壊れないようにするため）（**図 1.22**）。

第1章　2プレート構造金型の設計事例

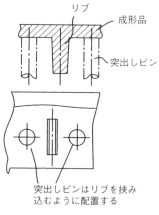

図 1.21　リブ周囲の突出しピン配置

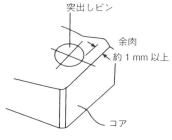

図 1.22　コアの余肉

1.2.8　ランナー、ゲート形状の決定

　ゲートは溶融樹脂がキャビティへ流入する部分であり、成形品の品質を大きく左右する重要な設計ポイントである。

　ランナーはスプルーからゲートまで溶融樹脂を導く流路であり、細すぎると溶融樹脂の流れが悪くなり、太すぎると材料のスクラップが増大し、冷却時間も長くかかる。

　ランナー、ゲートの形状は成形品部品図面には描かれていないので、金型設計者が設計しなければならない。

　本例ではゲートはアンダーゲート（オーバーラップゲートともいう）で、位置もすでに決まっているので詳細について検討をする。

　まず、図 1.23 において、成形品の流入部寸法Ⓐはできるだけ大きな面積でオーバーラップするように設定する。そうすれば樹脂の圧力損失も少なくなり、低い充填圧力や保圧で成形できるようになるので、バリ発生の防止や金型の破損を回避できる方向になる。

　しかし、オーバーラップ量が大きすぎると、成形品とゲート、ランナーを一

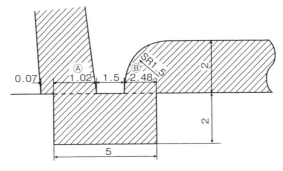

図1.23 アンダーゲート（オーバーラップゲート）

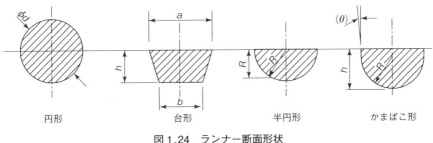

図1.24 ランナー断面形状

緒に金型から取り出した後にゲートをカッターナイフなどで切断する際に切りにくくなり、切断跡も大きくなり外観の見映えを損なう。そこで経験値から図1.23のサイズに決定した。ゲートの幅は2 mm、深さも2 mm とした。

次にランナー寸法は、ABSでこのサイズの成形品であれば経験値よりSR 1.5 mm、深さ2 mmのかまぼこ形断面を選定した。

ランナーの断面形状は、**図1.24**に示すように円形、台形、半円形、かまぼこ形などがあり、樹脂の種類や成形品の形状によって選定する。それぞれの断面形状により流動性、圧力損失、金型への機械加工のしやすさなどの利害得失がある。

1.2.9　生産ショット数の記入

　この金型の寿命を想定し、総生産見込み数量や月産生産見込み数量を調べ、成形品基本図に記載する。

　総生産数量を金型の取り個数で割れば生産ショット数が計算できる。本例では総生産数量は100,000個なので、取り個数2個とすると、

　　　　100,000 ÷ 2 = 50,000（ショット）

であることがわかる。生産ショット数の20％増し程度を金型の想定寿命と考える。

　そうすると想定金型寿命は、

　　　　50,000 × 1.2 = 60,000（ショット）

となる。金型部品の鋼材選定や硬度選定では、この想定金型寿命に見合った材質や硬度を決定するようにする。

　金型寿命の決定方法は、各社で独自の計算方法がある場合もあるので、その場合はその計算方法で算出する。

　ここまでの検討に基づいて成形品基本図を図面として完成させる。完成した図面は検図を行い、計算ミスや作図ミスがあれば修正する。

1.3　金型構造設計

　成形品基本図の設計が終了したら、次はもう一つの最重要図面である金型構造図面の設計に着手する。金型構造図面は、成形品基本図で決定された成形品形状を具体的に金型構造へ移行させて金型の全体構造を決定するための図面である。この図面が完成すると、金型設計の知的検討内容の80％程度が終了する。以降は、金型構造図面から各金型部品の形状、寸法データをコピーしてキャビティ図面や金型部品図面に展開をするようになる。

(1) 成形機の金型取付け仕様の検討

これから設計する金型は射出成形機に取り付けられて初めて成形加工を行うことができるようになる。では、どの成形機用に金型を作ればよいのだろうか。

通常、金型を起工する際には金型の発注元の企業は、使用する成形機を想定している。まず、その想定されている成形機の取扱説明書を準備する。本例は、日精樹脂工業㈱電気式高性能射出成形機 NEX50 Ⅲ（**図 1.25**）を事例として検討する。

取扱説明書には「金型取付仕様」が記載されている頁があるので、それを見つける。**図 1.26** のような図面も必ずあるので、これも見つける。これらの仕様には、成形機に取り付けることができる金型の最大寸法と最小寸法が記載されている。これから設計する金型は、この最大－最小の範囲に入る大きさで設計しなければならない。

まず、可動側と固定側のプラテン（射出成形機の金型を取り付ける盤面）の正面図を確認する。通常は、プラテンには4隅にタイバーという円柱が設けら

図 1.25　日精樹脂工業㈱電気式射出成形機 NEX50 Ⅲ

第1章 2プレート構造金型の設計事例

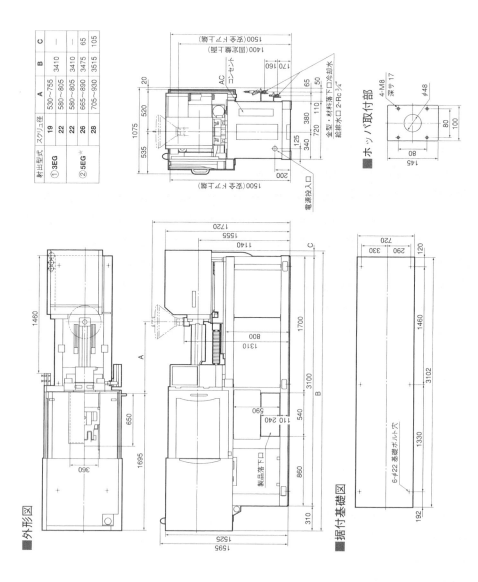

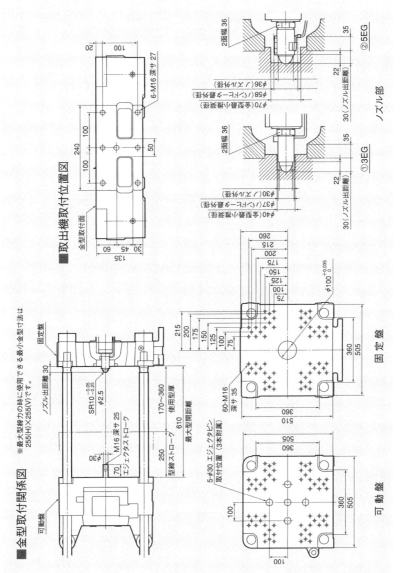

図 1.26 射出成形機金型取付図〔日精樹脂工業(株)〕

第1章 2プレート構造金型の設計事例

表1.3 射出成形機仕様数値表
〔出典〕日精樹脂工業㈱カタログ

機種名	NEX50 Ⅲ				
射出形式	3EG		5EG（標準）		
	A	B	A	B	BB
スクリュ径（mm）	19	22	22	26	28
射出体積（cm^3）	23	35	35	49	57
最大射出圧力（MPa）	265	210	280	196	169
最大型締力（kN）	490		490		
型開閉ストローク（mm）	250		250		
使用金型厚（最小～最大）（mm）	170～360		170～360		
最大型開距離（mm）	610		610		
タイバー間隔H×V（mm）	360×360		360×360		
ダイプレート寸法H×V（mm）	505×505		505×505		
エジェクタストローク（mm）	70		70		

れていてタイバーを移動しながら可動側プラテンが開閉し、金型を開閉制御する。タイバーの円柱の内側の寸法をタイバー間隔というが、これがいくらなのかを確認する。

表1.3ではX方向、Y方向のいずれも360 mmとなっている。つまり、金型のX方向、Y方向の最大寸法は360 mmより小さいことが必要になる。

続いては、最小金型厚さを確認する。これは仕様書より170 mmとなっている。したがって170 mm以上となるように設計する。

さらに最大型厚は360 mmとなっているので、これより薄くなるように設計する。

（2）キャビティ配置の検討

金型の取付けサイズがわかったら概略のキャビティ配置を検討する。キャビティ寸法は成形品基本図で決定されているので、これより寸法を拾って概略のレイアウトをする。2個取りなのでスプルーを挟んで対称に配置する。キャビティの配置は、左右方向、天地方向、斜め45°方向などいろいろ考えられるが、なるべく平易に金型を作ることができ、射出成形時に不利にならない距離の位

置に配置をするようにする。そうすると概略の型板寸法は□160～200 mm 程度になる。

　成形品の外形寸法に対するキャビティ側壁の肉厚は材料力学による計算で求めることができる。技術データに計算例を掲載するので、これにより求めることができる。計算値に対して安全率を検討し、固定ねじ、冷却水孔などとの干渉を考慮して最終的なキャビティの外形寸法を決める。

（3）モールドベースの選定

　モールドベースとは、キャビティ・コアを格納する金型の型板などのプレート類をいう。本来であれば、それぞれのプレートは設計して機械加工して製作するが、標準化されたモールドベースがカタログより選定して購入できるサービスが普及している。一般には既製の標準モールドベースは大量生産することにより低コストで調達が可能である。

　図 1.27 にモールドベースの概要例を示す。これはモールドベースのメーカーの 1 つである双葉電子工業㈱の仕様例である。この他にも国内外で数社のメーカーがあり、それぞれが独自の仕様を提供している。本例では双葉仕様で設計を進める。

　図 1.28 では主な構造が SA から SF まであるが、今回の金型構造は最もシンプルな SC タイプを選定する。続いて SC タイプのカタログの中から X、Y 寸法が□160～200 mm のものを選定する。今回は□180 mm タイプ、S シリーズ 1818 を選定する（図 1.29）。

　さらに注文仕様は、カタログの発注仕様に従って以下のように決定した。

・タイプ：SC
・A 寸法：40
・B 寸法：50
・C 寸法：50
・取付け板とガイドの仕様：S
・エジェクタプレートの仕様：M

したがって、発注仕様は、

第1章 2プレート構造金型の設計事例

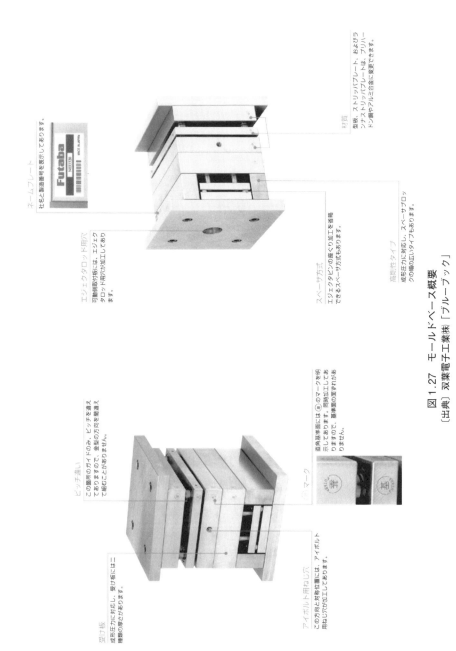

図1.27 モールドベース概要
[出典] 双葉電子工業(株)[ブルーブック]

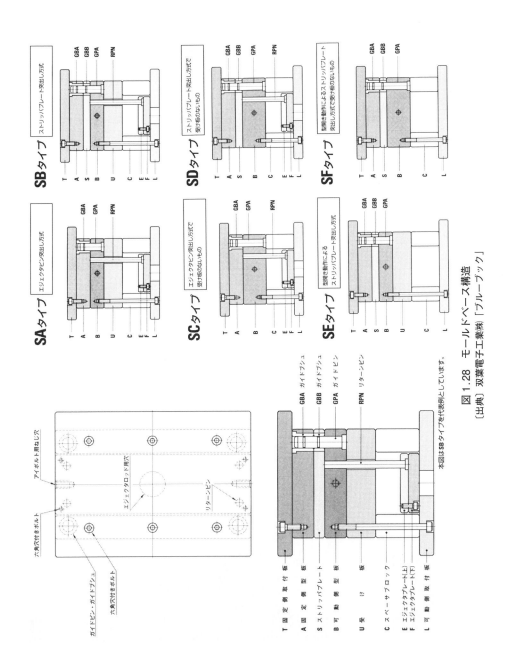

図 1.28 モールドベース構造
[出典] 双葉電子工業㈱ [ブルーブック]

第1章 2プレート構造金型の設計事例

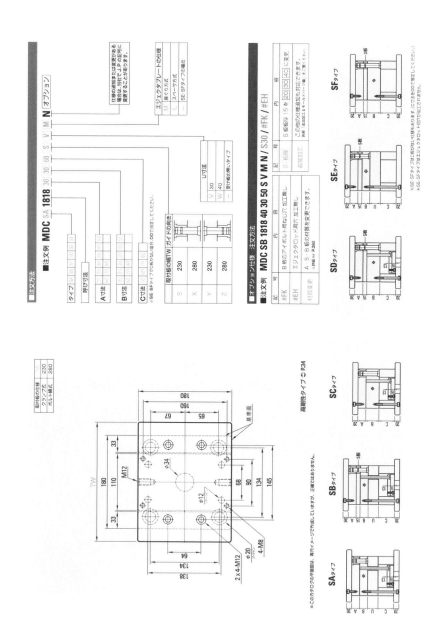

図1.29 モールドベースの選定
[出典] 双葉電子工業(株)[ブルーブック]

「MDC−SC−1818−40−50−50−S−M」
となる。

(4) 平面レイアウトの決定

モールドベースが決定したら、続いて平面レイアウトを決定する。キャビティレイアウトは先ほど概略の検討を行っているが、最終的なキャビティの配置を決める。キャビティのX方向センターピッチは60 mmとした。センターピッチはできるだけ区切りのよい10 mm単位で選定する。

なお、キャビティ、コアのレイアウト作図を行う際には、成形品基本図に描かれている平面図は必ず表裏を反転させて作図する。金型は成形品を反転して彫り込むことで転写された形状を得るからである。

キャビティのセンターピッチが決まったら、キャビティの外形寸法を決定する。これは材料力学による強度計算に基づいて決定する。本例はキャビティ外形を120 mm × 60 mmとした。キャビティ、コアは成形品の形状を転写する最も重要な部品なので、鋼材も高級な素材を用いる。一方、モールドベースは射出圧力に耐える強度があれば素材自体は高級でなくてもよいので、一般的には機械構造用炭素鋼S55Cを採用する場合がほとんどである。

キャビティは型板に六角穴付きボルトでねじ固定するので、取付けねじ位置を決める。このサイズのキャビティであればボルトサイズはM6またはM5で締め付ければ十分である。

(5) 冷却水孔の決定

続いて金型の温度調節を行うための冷却水孔の位置を決定する。冷却水孔の決定には熱力学的な検証を行う必要があるが、今回の設計事例であるABS樹脂でこのサイズの金型であれば経験的に深刻な冷却能力の欠如が起こる危険はないので簡便な方法で設計を進める。本格的な冷却能力の設計では、キャビティが樹脂から受け取る熱量、成形品の冷却に必要な時間、冷却回路の検討などを行う必要がある。

冷却水孔の直径は $\phi 8$ とする。水孔は、成形機プラテンへ金型を取り付けた際に天地方向から貫通させた2本とする。型板の水孔の両端には管用テーパめ

ねじ R1/8 を切り、ここに冷却水管ジョイントをねじ込んで取り付ける。ジョイントはさらに冷却ホースのカプラーと連結させて冷却水を金型内へ流動させる。

水孔の位置は、型板のねじ穴や突出しピン穴と干渉しない位置に配置しなければならない。他の穴や壁と水孔の距離は最低でも 1 mm は確保する。水孔は細くて深い穴のため、ツイストドリルなどで機械加工する際に曲がってしまう可能性があり、水孔が破れる恐れがある。

固定側型板では 42.5 mm ピッチ、可動側型板では 50 mm ピッチの位置に設定した。型板の厚み方向では固定側が型板底面より 10 mm、可動側で 12 mm の位置にした。

（6）サポートピラーの配置

サポートピラーとは、射出圧力によって可動側型板がたわんでしまうのを防止するために可動側型板の下に設置する柱のことである。本例は、φ24 のサポートピラーを 2 本、天地方向に 40 mm ピッチで配置した。

サポートピラーは、成形機のエジェクタロッドと干渉しない位置に配置しなければならない。

（7）スプルーロックピンの配置

可動側の中央部には型開き時にスプルーを可動側へ引っ張ってくるためのスプルーロックピンを設ける。このピンの先端は Z 形状に加工されているものを選定した。ピン直径は φ4 とする。

（8）突出しピンの配置

突出しピンは、成形品基本図で検討した内容を採用する。冷却水孔やボルトと干渉する場合には配置を再検討する。

（9）叩き穴の配置

叩き穴とは、キャビティ、コアを型板のポケット穴に組み込んだ後にメンテナンスなどでキャビティ、コアを外したい場合に叩き出すための分解補助用の穴である。この穴に銅棒などを挿入して叩いてキャビティ、コアを平易に取り出すことができるようになる。

(10) スプルーブシュの配置

スプルーブシュは、射出された樹脂をランナーまで導くスプルー部を形成するブシュである。成形機のノズルは硬度が高く、型板に押し付けられるとスプルーの先端部は痛んで変形してしまうので、ブシュにして硬度の高い鋼材で作る。本例は、後述する標準部品を選定して対応する。スプルーブシュの先端径は、ノズル穴直径よりも 0.5 mm 大きくするのが一般的である。スプルーの角度は片側 1° とした。

(11) ロケートリングの配置

ロケートリングは、金型を固定側プラテンに開けられている穴に挿入して金型の固定位置を決める役割をするリングである。成形機の金型取付け寸法（図 1.25）からロケートリングの直径を確認する。本例では $\phi100$ とした。

(12) キャビティ、コア板厚の決定

モールドベースを選定した時点でキャビティ、コアの板厚は概略検討されているが、正式に板厚を決定する。厳密には材料力学で厚さを計算することを推奨するが、本例では経験値により固定側 20 mm、可動側 20 mm とした。

可動側では角穴部を構成する構造をコアピン構造にしたので、これらのコアピンが金型組立時に組み立てやすいようにコアの裏面に 10 mm のバッキングプレートを設けて、バッキングプレートはコアに M5 ボルト 2 カ所で締結する。

☆　　　☆

金型構造に必要なボルト、プレート、ピンなどの配置が漏れなく設計されていることを確認し、また金型が成形機に取り付けられた際に成形機や周辺機器にぶつからないことを確認したら、金型構造図面には各部品の番号をバルーンに記入して引き出し線で位置を示す。金型を組み込む際にこれらの番号や引き出し線で位置を確認する（表 1.4）。

図 1.30 へ本例の金型構造図を示す。

第1章 2プレート構造金型の設計事例

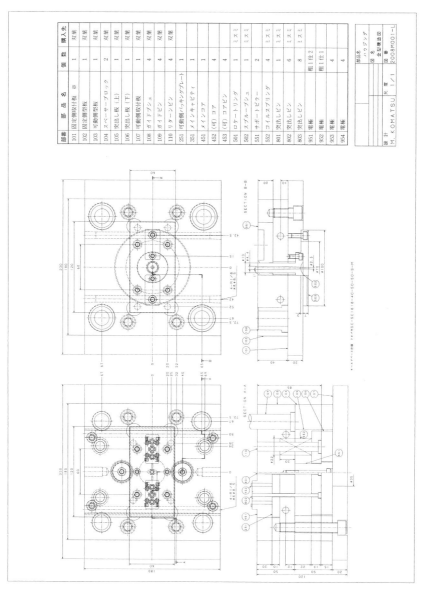

図1.30 ハウジングの金型構造図面

表1.4 部品番号付与体系の例

部番	部品名	部番	部品名
101～199	モールドベース・付属部名	601～699	予備
201～299	プレート	701～799	予備
301～399	固定側部名	801～899	突出しピン
401～499	可動側部名	901～909	電極
501～599	購入部名		

1.4 部品図設計

1.4.1 キャビティの設計（図1.31）

　キャビティとは、図1.32に示すように固定側の成形品形状を彫り込んだ部品のことをさす。キャビティは本来、溶融樹脂が流れる空間のことを意味するが、製造現場では空間を形成する部品そのもののこと、特に固定側の凹み形状がある部品をキャビティと呼ぶことが多い。この他に製造現場では、キャビティのことを「入れ子（いれこ）」、「入れ駒（いれこま）」、「上型（うわがた）」、「下型（したがた）」などと呼ぶ場合もある。一方、可動側の凸形状のキャビティについては「コア」と呼ぶことが多い。

　本例では固定側部品を「キャビティ」、可動側部品を「コア」と呼ぶようにする。

（１）外形寸法の決定

　金型構造図面よりキャビティの寸法、形状を抜き出して作図する。

　外形寸法は120 mm × 60 mm × 20 mmである。これらの寸法に対して機械加工上の加工公差を付与する。金型部品図設計では、金型部品同士の位置関係（移動できる、固定する、など）を実現するために、接触する金型部品同士の機械加工公差を設定して、意図的に金型部品間のクリアランス維持範囲を決定する。

　機械設計では２つの部品同士のクリアランス維持の関係を「はめあい」と呼

第1章 2プレート構造金型の設計事例

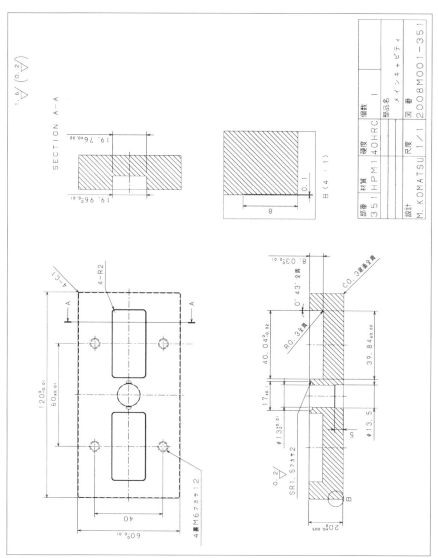

図1.31 キャビティ設計図面

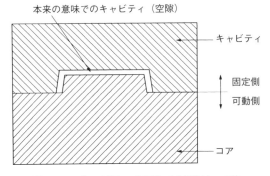

図1.32 キャビティの定義（本例において）

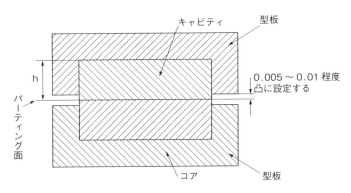

図1.33 キャビティ・コアの組込み状態

ぶ。はめあいには、「すきまばめ」、「中間ばめ」、「しまりばめ」の3種類がある。金型部品同士についてもはめあいの関係が適用される。

　キャビティとそれをはめ込む固定側型板のポケット穴の関係は、キャビティを組み込むことができて、かつ分解できるクリアランスをもった「すきまばめ」を選定する。後述する型板ポケット穴の機械加工公差は $^{+0.01}_{\ 0}$ と設定するので、キャビティ側では $^{\ 0}_{-0.01}$ 程度に設定する。したがって $120\ ^{\ 0}_{-0.01}$、$60\ ^{\ 0}_{-0.01}$ とする。これを $120\ ^{-0.005}_{-0.015}$ と公差上限、下限の両方を－に設定する考え方もある。金型の精度やガス抜き重視などの目的によって、これらの公差設定は選定をするようになる。

　次に、高さ方向は型板ポケット穴に組み込んだ後でパーティング面として最

初に当たるように設計する。平面の平坦度も良好に機械加工して溶融樹脂がパーティング面からバリにならないように $20^{+0.005}_{0}$ とする。これも $20^{+0.01}_{+0.005}$ のように設定する考え方もある（図1.33）。

（2）外周逃げの設定

キャビティは型板ポケットに組み込む際に、組み込みやすくするためにキャビティ外周の底面部に「逃げ」を設ける。逃げは、組立て、分解のしやすさを抜群に改善し、キャビティから発生するエアやガスの排気にも有利であり、キャビティの保温にも効果がある。逃げの深さは、このサイズのキャビティであれば深さ0.1mm程度、逃げの量はキャビティ高さの1/3程度が適切である。また、底面のコーナー全周にはC0.3の面取りを施す。

（3）取付けねじの設定

キャビティは型板とM6の六角穴付きボルトで締結する。金型構造図面よりねじ穴の位置を転記して4カ所ねじ穴を設ける。

（4）キャビティ形状寸法の決定

成形品の彫込み寸法を設定する。形状については金型構造図面より転記を行う。各部の寸法については成形品基本図の金型彫込み寸法を参照して記入する。したがって、パーティング面の外形寸法は、40.04、19.96となる。

寸法公差は、パーティング面の彫込み寸法については－側ねらいで設定する。金型は一度機械加工した後、さらに削る方向の機械加工修正は可能だが、大きく彫り込んでしまった部分を小さく修正することはできない。したがって、彫込みは小さくなる方向に公差設定する。

彫込み形状の底部については、マシニングセンタによる切削加工、電極による形彫り放電加工のいずれの方法であっても公差は±にばらつくので、±0.02くらいが妥当である。機械加工した箇所の寸法測定も精度良く計測することは難しい。

（5）スプルーブシュ挿入部の寸法決定

スプルーブシュは、本例では固定側取付板に固定され、その先端部はキャビティとすきまばめで勘合される構造になっている。キャビティの勘合穴の機械

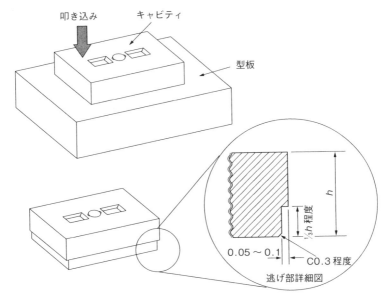

図1.34 キャビティ周囲の逃げ

加工公差は $^{+0.01}_{0}$ と＋側で設定する。勘合部にランナーが通過するので、クリアランスが大きすぎると溶融樹脂が入り込んでバリになってしまい、ランナーが取り出せなくなるなどの不具合が起きるリスクが生じる。クリアランスが 0.02 mm 以上になるとこのリスクが大きくなる。

また、勘合穴の裏面には組立てやすさ改善とエアベントの効果を狙って逃げを設ける。片側 0.25 mm、逃げの深さは 5 mm とした（**図1.34**）。

（6）ランナー寸法の決定

ランナーについても金型構造図面より形状と寸法を拾っていく。ランナーの内面の表面粗さは 0.2a 程度に仕上げ（準鏡面仕上げ程度）、溶融樹脂の流動抵抗を低減させて、圧力損失を防止させるようにする。

（7）材質、硬度の決定

キャビティの材質は、求められる機能をできるだけ満たす材質を選定する。キャビティに求められる機能は以下の通りである。

第1章　2プレート構造金型の設計事例

① 成形品の形状、寸法を維持する機能
② 成形品の表面品質を決定する機能（光沢面、シボ加工性など）
③ 成形圧力に耐え得る剛性（キャビティには 300 ～ 900 kgf/cm^2 もの高圧が瞬時に作用するので、これに耐え得る剛性をもつことが必要である。変形、破壊、応力集中、衝撃荷重に対して十分な強度が必要になる。）
④ 耐食性
⑤ 耐摩耗性（キャビティ－コアの接触による摩耗、樹脂に含まれるガラス繊維などによる摩耗、突出しピンによる摩耗などに耐える必要がある。）
⑥ 機械加工性（金型製作コストを低減させ、加工時間を短縮させるためには削りやすい素材が求められる。）
⑦ 磨き性（鏡面仕上げが可能な素材は限定されている。）
⑧ 熱伝導性（キャビティは、溶融樹脂から熱量を奪って冷却する効率が高いことが望ましい。）
⑨ 材料価格（できるだけ安価な方が有利である。）

このような機能の中で、本例ではプリハードン鋼である日立金属㈱製のHPM1を選定した。硬度は、熱処理をしない状態で40HRCある。切削加工が可能であり、しかも 60,000 ショット程度の金型寿命であれば十分な耐久性がある。

材質と硬度の選定では、部品の形状、強度、寿命などの諸条件の変化に合わせて合理的なものを選定する。

1.4.2　コアの設計 (図1.35)

（1）外形寸法の決定

キャビティの設計と同様の手順でコアの設計を行う。

外形寸法は 120 mm × 60 mm × 20 mm（パーティング面までの高さ）だから、可動側型板のポケット穴とのはめあい、パーティング面などを考慮して、

$$120_{-0.01}^{0} \times 60_{-0.01}^{0} \times 20_{0}^{+0.005}$$

とした。

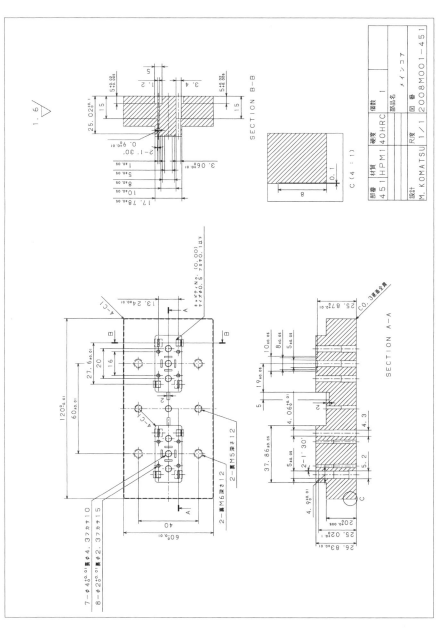

図1.35 コアの設計図面

第1章 2プレート構造金型の設計事例

（2）外形逃げの設定

型板ポケット穴への取付け方法はキャビティと同じなので、コアの底面周囲に深さ0.1で逃げを設ける。

（3）取付けねじの設定

キャビティと同様にM6×4本で可動側型板と締結するねじ穴を設ける。さらに、バッキングプレートと締結するM5×2本のねじ穴も設ける。

（4）コア形状寸法の決定

キャビティ設計と同様の手順で進める。外形寸法公差については機械加工修正ができるように+側を狙うことも良い考えだが、本例では機械加工コスト削減を重視して±0.05と緩い公差で設定してみた。この公差であっても成形品の寸法公差には入ると判断した。より精度よく機械加工したい場合には±0.01などの公差へ変更する。

（5）コア分割形状の決定

コア側には角穴部を形成する突起部があるが、ここはコアピンを挿入する分割構造とした。分割構造は、機械加工をしやすくする効果と、溶融樹脂が流入してくる際にキャビティ内の空気（エア）や樹脂から発生するガスを排気させる効果も得られる。また、突起部が破損した場合にコアピンのみを交換することで修理コストも低減できる。

分割されたコアピンの締結方法は、**図1.36**に示す方法が考えられるが、本例ではコアピン底面にツバ（現場では、「ハカマ」とも呼ばれる）を設ける構造を採用する。この構造は、ねじを必要とせずに2部品を固定できるシンプルな方法である。

さらにリブ部についても分割構造を採用する。細いリブの底面まで溶融樹脂を充填させようとする場合、リブの底面には空気溜り（エアトラップ）が形成され、充填ができなくなる可能性が予見される。強引に充填しようとすると空気が圧縮されて発熱し、樹脂の着火温度まで上昇すると燃焼して黒焦げになる。これを「焼け」と呼んでいる（**図1.37**）。この発熱の原因は、空気のボイル・シャルルの法則（体積と圧力と温度の関係）によるものである。焼けを防

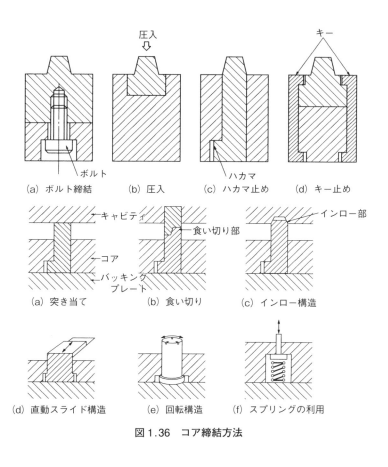

図1.36 コア締結方法

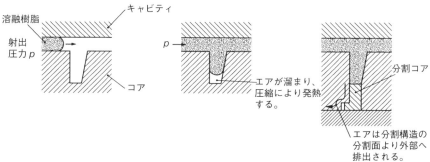

図1.37 深いリブにおけるガス焼け現象

止するためには分割構造にしてクリアランスを形成してそこから排気するようにする。

中央部のリブ4カ所は、深さが浅いため分割しなくても充填可能と判断し、掘り込みとした。

（6）突出しピン穴の設定

コア側には突出しピン穴を設ける。突出しピンと取付け穴の関係は、すきまばめとする。突出しピンの外形寸法は、$\phi d_{-0.005}^{0}$ で仕上がっているので、ABSであれば穴の公差は、$_{0}^{+0.01}$ で設定する。穴の裏面には逃げを設ける。逃げ量は、$\phi (d + 0.3)$、有効な保持部の長さは5～10 mm とするために深さは10～15 mm とした。

（7）アンダーゲートの設定

アンダーゲートは樹脂が流入する部分である。流入部までの位置19は、19 ± 0.05 とし、樹脂が流入する量を比較的精密に制御できるようにした。2個取りなので、ゲートの流入面積が少しでも差があると溶融樹脂の入り方のバランスが崩れ、出来上がった成形品の重量や寸法がばらつく原因になる。

（8）キャビティNo. の設定

キャビティNo. は、コアに彫込み加工する。成形品基本図の仕様に従って記入する。

（9）材質、硬度の決定

キャビティと同様にHPM1を採用する。

1.4.3　コアピンの設計

コアピンは、突起部やリブを形成するために分割した部品である。コアピンは、メインコアに組み込まれて形状を作り、エアやガスを排気するクリアランス（エアベント、ガスベント）を形成する。コアピンの外形寸法公差は、バリが出ないこと、エアベントの効率を両方考えて決定する。

（1）部番（452）コアピン（図1.38）

本例の場合、ABSなのですきまばめとし、外形寸法公差は $4.06_{-0.01}^{0}$ ×

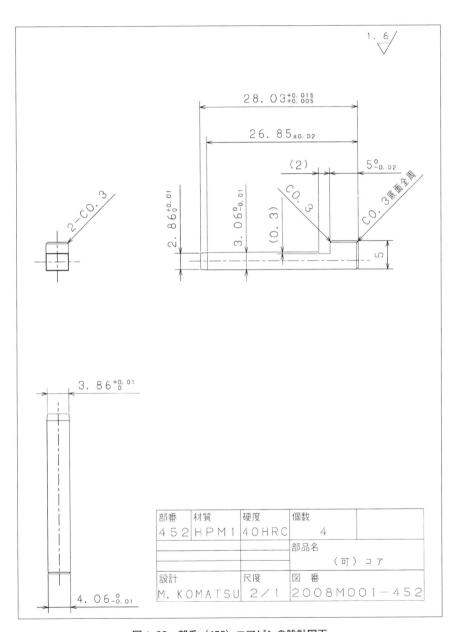

図 1.38 部番 (452) コアピンの設計図面

第1章　2プレート構造金型の設計事例

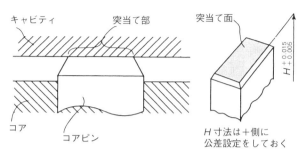

図1.39　突当て構造

$3.06_{-0.01}^{\ \ 0}$ とした。コアピンの挿入されるメインコアの角穴寸法公差は $_{\ \ \ 0}^{+0.01}$ なので最大で 0.02 mm のクリアランスが発生するがバリは発生しないと判断する。

　PPS樹脂など流動性の良い樹脂だとクリアランスはもっと小さく設定しないとバリが発生する。アクリル樹脂やポリカーボネートだと流動性が極めて悪いので、逆にクリアランスをもう少し大きくしてエアベント効率を上げて充填しやすくする。

　コアピンの先端部はキャビティと面で接触して成形品に各穴を形成する。このようなコアピンの接触構造を「突当て」と呼ぶ（図1.39）。突当ては、寸法公差を＋側に設定し、確実に相手側と接触できるようにする。したがって $28.03_{+0.005}^{+0.015}$ とした。突当てが弱いとバリを生じる。一方、突当てが強すぎると相手側を傷つけたり、凹ませてしまう。

　テーパ部までの高さ寸法公差は 26.83 になるが、テーパ部は研削加工で行うために公差内に入れることが難しいので、狙い値を 0.02 mm ほど移動させて $26.85^{\pm 0.02}$ とした。テーパ部が 26.83 よりも低い位置になってしまうとバリが発生する可能性があるからである。

　コアピンをメインコアに固定するツバ部（ハカマ）構造は、片側にだけ突起を設けた。突起部寸法は 5 mm（ひっかかり寸法 2.14 mm）、高さは、$5_{-0.02}^{\ \ 0}$ とした。突起の根元部には研削加工用の逃げを幅 2 mm、深さ 0.3 mm で設けている。

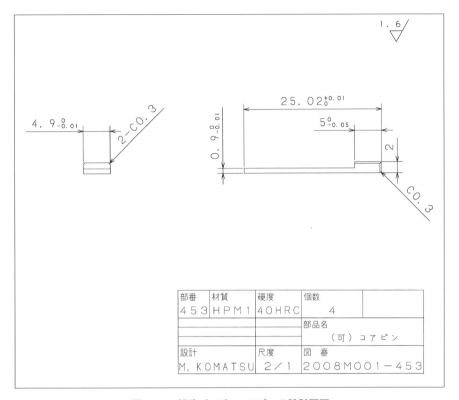

図1.40　部番（453）コアピンの設計図面

（2）部番（453）コアピン（図1.40）

　部番（453）のコアピンは、ガス抜きを主目的としたコアピンである。外形寸法は $4.9_{-0.01}^{0} \times 0.9_{-0.01}^{0}$ とした。もう少し大きめに－公差を設定してエアとガスの排気効率を良好にすることも考えられるが、まずはこの程度に作っておいて成形試作の状態を見ながら追加工を行ってコアピンを削る修正もできるし、エアベント溝を追加工することも検討は可能である。

　最初からバリの発生が懸念されるリスクのある公差設定をつける設計は賢明であり、金型部品の作り変えのリスクを低減させることは重要である。

　コアピンの固定方法は部番（452）と同様にハカマ構造とする。ピンが0.9

mmと薄いため、こちらについては逃げを設けていない。逃げ部分が薄くなりすぎて折損する危険があるためである。

材質については（452）も（453）もメインコアと同じプリハードン鋼HPM1を採用している。

1.4.4　電極の設計

電極は、形彫り放電加工により機械工作を行う場合に設計製作しなければならない道具である。電極の設計は金型部品そのものではないため、金型設計部門とは別の電極設計専門の部門で行う企業もある。

形彫り放電加工で加工するかどうかは金型設計者が意思決定する。意思決定の検討事項は以下の項目がある。

① ワーク材質の硬度が40HRCを越えて、刃物による切削加工が困難であると判断される場合

② 彫込み加工形状のコーナー部がコーナーRが認められないシャープエッジとなっているか、コーナーRが小さすぎてエンドミルで切削加工が困難と判断される場合

③ 微細形状のため他の工作法では加工が困難である場合

④ 切削工具、研削工具で機械加工した場合にワークへ切削力が作用して破損する危険が予測される場合（形彫り放電加工では切削力は作用しない）

上記の検討項目に該当する部分は、本設計例では以下の4カ所が該当する。

1) キャビティのメイン彫込み形状〔電極（951）〕（**図1.41**）
2) コアのアンダーゲート彫込み形状〔電極（952）〕（**図1.42**）
3) コア中央部のリブ彫込み形状〔電極（953）〕（**図1.43**）
4) コア天面のリブテーパ彫込み形状〔電極（954）〕（**図1.44**）

電極の材質は、**表1.5**に示すように主として4種類の材料から選定する。本例は、これらの中から銅を採用した。加工形状、加工精度から考えて最もポピュラーな材質を選定した。電極ホルダの取付け部はS20C（機械構造用炭素鋼）を選定した。S20Cは、モールドベースに採用されているS55Cよりも炭

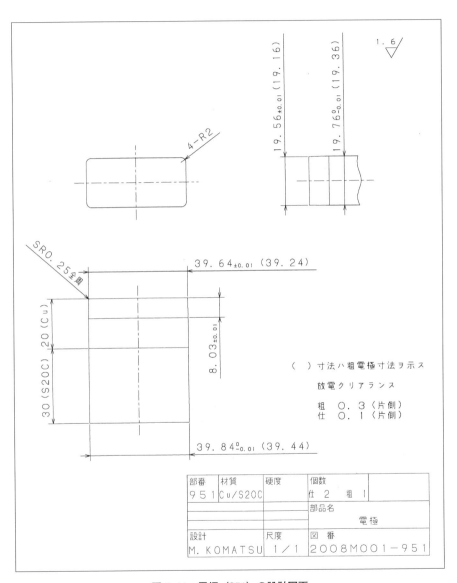

図 1.41 電極 (951) の設計図面

第1章 2プレート構造金型の設計事例

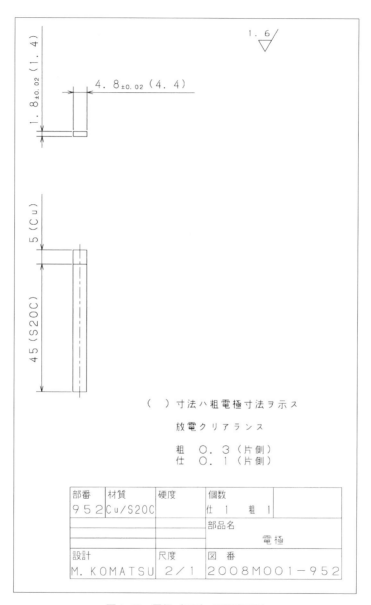

図 1.42 電極 (952) の設計図面

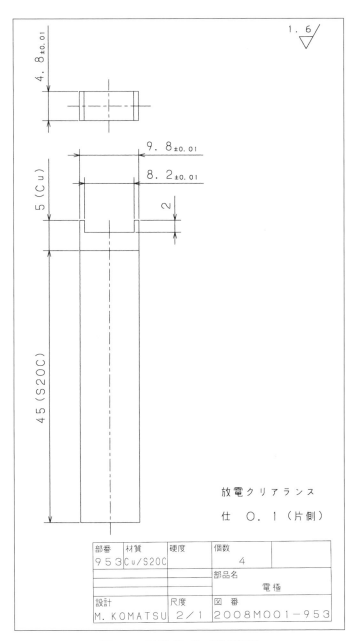

図 1.43 電極 (953) の設計図面

第1章 2プレート構造金型の設計事例

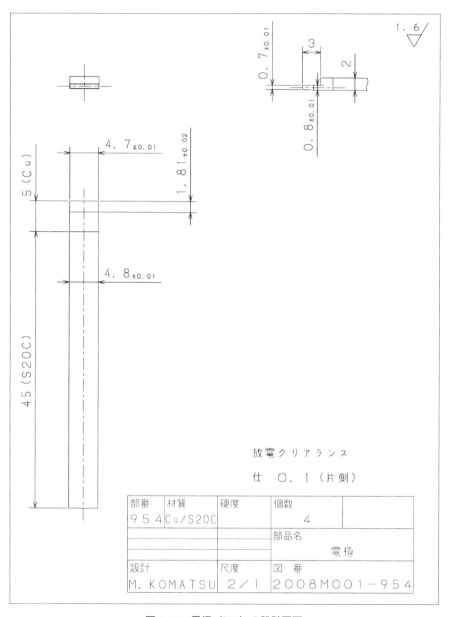

図1.44 電極(954)の設計図面

表1.5 主な電極材料の特徴

材料	特徴	材料価格
銅	○一般にもっとも使用される	安
銅—タングステン	○電極消耗しにくい	やや高
銀—タングステン	○電極消耗は銅—タングステンよりしにくい ○材料価格が高い	高
グラファイト	○電極加工速度が速い ○電極消耗しやすい ○電極加工時、粉塵が発生する	安

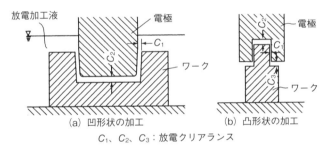

C_1、C_2、C_3：放電クリアランス

図1.45 電極とワークの関係

素含有量が少ない鋼材で切削しやすい鋼材である。銅部とは予めロウ付けされた材料を使用する。

彫込み加工では電極は加工寸法よりも一周り小さく製作する。**図1.45**に示すように、どのくらい小さく$C_1 \sim C_3$を決定するかは、各社の放電加工方法によっていくつかの考え方がある。以下にその考え方を例示する。$C_1 \sim C_3$を放電クリアランスと呼ぶ。

① $C_1 = C_2 = C_3$とし、粗加工用と仕上げ加工用で放電クリアランスを変える方式

② C_1（X－Y方向の放電クリアランス）を粗加工と仕上げ加工で放電クリアランスを変えるが、C_2、C_3（Z方向の放電クリアランス）は0とする方式

③ 加工形状から一律にC_1をオフセットさせる方式

④ その他独自のノウハウの基づく方式

①~④のそれぞれには各社の放電加工機の性能や電流電圧の供給方式、電極揺動加工制御の方法などによって裏づけされた技術的な根拠がある。したがって、電極設計は、各社の電極設計基準に基づいて設計を行うようにする。

本例では、②の方式に基づいて寸法決定を行っている。粗加工用電極では C_1（X-Y方向）を片側 0.3 mm、仕上げ加工用電極では片側 0.1 mm とし、C_2（Z方向）は 0 とした。X-Y方向についてはコーナーRについては 0 とした。また、ノウハウに基づいて稜部のコーナーRについてだけ片側 0.05R のクリアランスを設定している。

また、(953) 電極では 1 本の電極で同時に 2 カ所の加工ができるようにコの字形に形状を工夫している。

1.4.5　固定側取付け板の設計（図 1.46）

固定側取付け板は、固定側金型全体を射出成形機のプラテンに取り付けるための板である。この板は、先に選定したモールドベースの一構成部品であり、材料の外形寸法公差や材質などは図 1.47 に示す仕様で納品されるので、この仕様に一通り目を通しておくことが必要である。

金型の構造上、一般仕様の精度、材質では適当でない場合は、特注仕様での製作交渉をしたり、納品後に自社で追加工を行ったりする。本例では一般仕様通りとする。

また、固定側型板を締結するための取付けボルト用穴加工も仕様通りとする。ただし、以下の点については金型構造図面より寸法、形状を拾って設計を進める。

① スプルーブシュ取付け部

スプルーブシュは後述する標準部品を採用するが、これを M5 × 2 本のボルトで締結するために取付け形状を設計する。

スプルーブシュのフランジ部外形および胴部に対してはクリアランスを設ける。固定側型板、固定側取付け板とスプルーブシュが 3 つ組み合わせて組み立

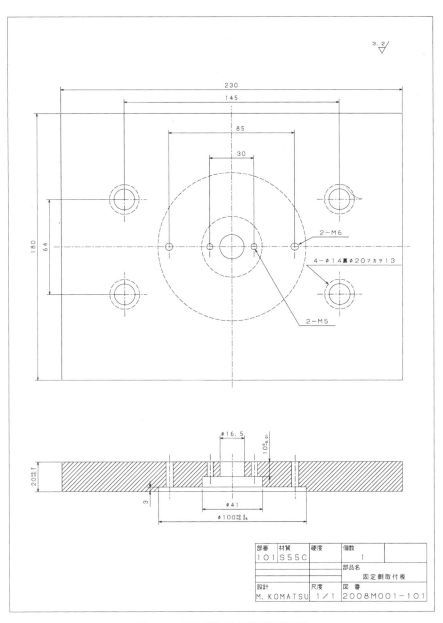

図1.46　固定側取付け板の設計図面

第1章 2プレート構造金型の設計事例

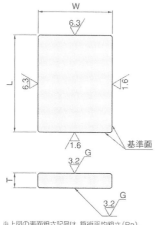

材　質	F-S50C（厚さ25以下） F-S55C（厚さ30以上）	
Tの寸法許容差	L寸法	Tの寸法許容差
	300以下	＋0.1〜＋0.2
	300を超え　600以下	＋0.15〜＋0.25
	600を超え1150以下	＋0.2〜＋0.3
厚さ（T）の均一度	100 mmにつき0.008	
Tの両面の平面度	L寸法 T寸法	300以下	300を超え 1150以下
	5以上　　10以下	0.020	0.040
	10を超え20以下	0.015	0.020
	20を超え40以下	0.010	0.015
	40を超え350以下	0.008	0.010
	※100 mmについての値		
基準面の直角度	100 mmにつき0.008	

（a）型板、エジェクタプレートおよびその他のプレート

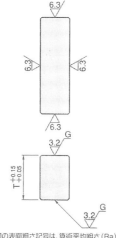

材　質	F-SS400 または同等以上
厚さ（T）の均一度	100 mmにつき0.008
2枚1組としたとき のTのバラツキ	0.02

（b）スペーサブロック

図1.47　モールドベースのプレートなどの精度一覧の例
〔出典〕双葉電子工業㈱「ブルーブック」

てる場合には、ある程度のクリアランスがないと位置ずれを吸収できず組立ができなくなる。

　一方、フランジ部取付け用ザグリ穴の深さ寸法は、取付け板上面より $10_{-0.01}^{\ 0}$ とシビアに加工するようにする。スプルーブシュの天面がキャビティのパーティング面より凸にならないようにするためである。

② ロケートリング取付け部

　ロケートリングも標準部品を採用する。ロケートリングの機能は、金型を射出成形機へ取り付ける際の位置決めを容易にすることである。固定側プラテンに開いている穴へロケートリングの外周をはめ込んで金型全体の位置決めを行う。したがってロケートリングは、固定側型板に位置ずれしないように彫込み部へボルトでしっかりと締結する。

　ロケートリング外周の彫込み寸法は $\phi 100_{+0.005}^{+0.2}$ と＋側に大きめのクリアランスで設定する。一方、深さ方向は3 mm の一般公差とする。深さ方向は緩い公差で十分である。

　モールドベース購入時よりすでに加工済みの部分と、購入後に新たに追加工する部分が図面上に同居しているため、機械加工者が加工箇所を見落とす危険もあるので、購入後に追加工する部分は色分けなどの工夫をする。

1.4.6　固定側型板の設計 (図1.48)

　固定側型板もモールドベース構成部品の一つである。固定側型板の機能は、キャビティを保持し、射出圧力や型締力によるキャビティが破損しないようにする保護機能、可動側との位置決め機能、金型への冷却水の供給機能などがある。

① 外形寸法の決定

　外形寸法に関しては、X－Y方向は一般仕様通りとしたが、型板の厚さは $40^{\pm 0.01}$ とシビアに設定した。これはキャビティとスプルーブシュの取付け寸法上の適正化を図るためである。

② ガイドブシュ取付け寸法の決定

第1章 2プレート構造金型の設計事例

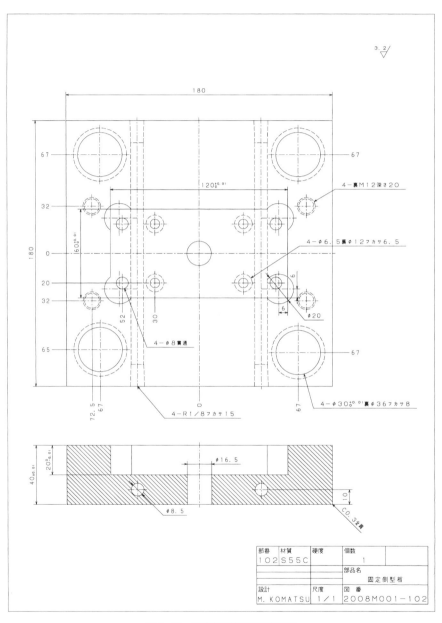

図1.48　固定側型板の設計図面

ガイドブシュは、モールドベース購入時にすでに位置決め、組込みが完了しているので一般仕様に従う。

③ 固定側取付け板締結用ねじ穴の設定

これも一般仕様に従う。M12 × 4 本のボルトで締結する。

④ ポケット彫込み寸法

キャビティ取付用のポケット穴は、X − Y 方向は $120^{+0.01}_{\ 0}$、$60^{+0.01}_{\ 0}$ とする。深さ方向は $20^{\ 0}_{-0.01}$ と浅めに作っておく。キャビティのパーティング面が型板よりも若干＋になるように設定し、キャビティ−コアが先にパーティング面でしっかり型締めできるように配慮する。ポケットコーナー部は $\phi 20$ の逃がし穴を設けて機械加工しやすくする。

⑤ キャビティ締結用ボルト穴の設定

M6 × 4 本で型板の下面より取り付けるザグリ穴を設定する。

⑥ 叩き穴の設定

叩き穴とは、キャビティをポケット穴に取り付けた後、メンテナンスなどでキャビティを分解する際に型板下面から銅棒などで叩いて取り出すための作業補助のための捨て穴である。$\phi 8$ で 4 カ所に設けた。

⑦ スプルーブシ取付け穴の設定

$\phi 16.5$ で貫通穴を設ける。この穴も固定側取付け板と同様にスプルーブシに対してクリアランスを大きめに設定する。

⑧ 冷却水孔の設定

$\phi 8.5$ の冷却水孔を 2 本、天地方向に貫通させる。孔の両端には管用テーパめねじ R1/8 を加工する。ここに黄銅製のジョイントプラグをねじ込んで、金型温度調節機から伸びるホースの接続ニップルと連結させて、冷却水を型板内に循環できるようにする。

1.4.7　可動側型板の設計 (図 1.49)

可動側型板もモールドベース構成部品の一つなので、機能的には固定側型板と同様の機能がある。しかし可動側型板は、エジェクタプレート、スペーサブ

第1章 2プレート構造金型の設計事例

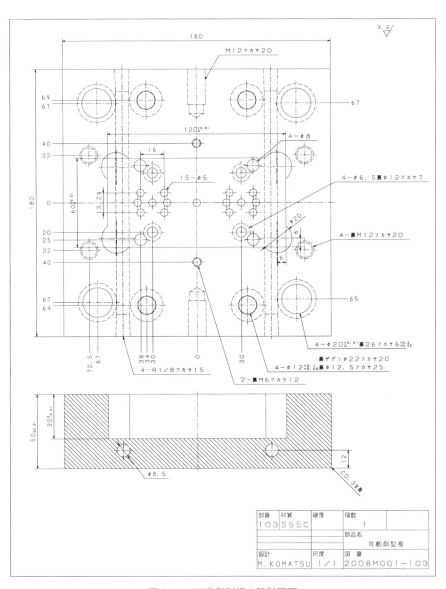

図1.49 可動側型板の設計図面

ロック、リターンピンなどの成形品を突き出すための機能を発揮させるための機能が必要になる。

① 外形寸法の決定

固定側型板と同様に考える。型板厚さ方向のみ±0.01の公差設定をする。

② ガイドピン取付け寸法の決定

固定側はガイドブシュなのに対し、可動側ではガイドポストを取り付ける。

③ スペーサブロック取付用ねじ穴の設定

M12×4本のボルトで締結するためにねじ穴を設定する。

④ ポケット彫込み寸法の決定

$120^{+0.01}_{0} \times 60^{+0.01}_{0} \times 30^{0}_{-0.01}$ とする。コーナー部逃げも固定側型板に準じる。

⑤ コア取付け用ボルト穴の設定

M6×4本で型板下面より締結するためのザグリ穴を設ける。

⑥ 叩き穴の設定

$\phi 8 \times 4$ カ所設定する。

⑦ 突出しピン穴の設定

金型構造図面および成形品基本図より寸法を拾って突出しピン設定用の穴ピッチを決定する。穴径は（突出しピン直径+1）mmとする。この場合、穴寸法を同じにすれば穴あけ加工には同一寸法のドリルまたはエンドミルで対応できるので機械加工コストが低減できる。したがって、$\phi 5$ で全て統一した。

⑧ 冷却水孔の設定

固定側型板と考え方は同じである。可動側型板では突出しピン取付け穴がたくさんあいているので、これらにぶつからない位置に配置するように考慮する。

⑨ リターンピン穴の設定

リターンピンは突出し板を型締め時に押し戻すためのピンで、通常は4本設定される。リターンピンにはコイルスプリングが設けられ、スプリングの力も利用して突出し板を元の位置へ復帰させる。リターンピン用の穴の裏面にはコ

イルスプリングの取付け穴を設定する。この場合、φ22×深さ20とした。

1.4.8 可動側バッキングプレートの設計 (図1.50)

　可動側バッキングプレートは、コアの底面に組み付けられるプレートである。このプレートの機能は、コア内に組み込まれるコアピンが落下しないように下面から保持することである（図1.51）。型板のポケットにコアを組み込む際に、バッキングプレートがないとコアピンが落下してしまい、組込みをスムーズに行うことができない。このように分割された部品を組み込んだ構造ではバッキングプレートが必要になる。

　バッキングプレートを設けると型板ポケットの彫込み寸法が深くなるので、それを避けた場合には図1.52に示すようにミニバッキングプレート構造にする方法もある。

① 外形寸法の決定

　X-Y寸法はコアの外形よりも1mm-側で製作する。厚さについてはエジェクタピンの高さとの関係をシビアに維持するために$10^{+0.01}_{0}$とする。

② コアとの締結穴の設定

　M5×2本のボルトで締結するためのザグリ穴を設ける。

③ 可動側型板との締結穴の設定

　コアは型板底面からM6×4本のボルトで締結されるので、バッキングプレートでは貫通穴をあけておく。

④ 突出しピン穴の設定

　突出しピン穴直径は（エジェクタピン直径＋1）mmとするのが一般的だが、可動側型板と同様に穴寸法を共通化してφ5で統一した。

⑤ 材質の決定

　コアと同じHPM1を採用した。

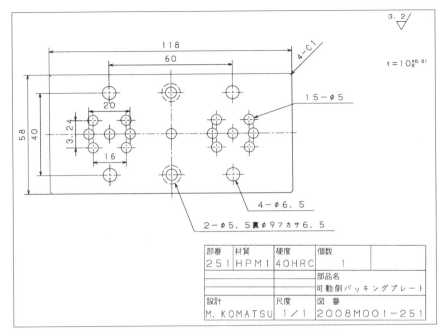

図1.50　可動側バッキングプレートの設計図面

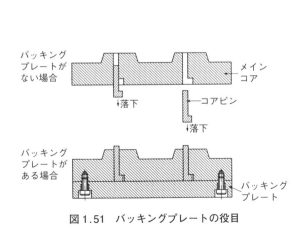

図1.51　バッキングプレートの役目

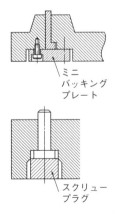

図1.52　コアピン保持方法の例

1.4.9 突出し板（上）の設計 (図1.53)

突出し板（上）もモールドベース構成部品の一つである。

① 外形寸法の決定

外形寸法は、モールドベース仕様に基づいて $180 \times 110 \times 13^{+0.2}_{+0.1}$ とする。板厚公差は、突出し板（下）はエジェクタピンの高さの維持のためにシビアに設定しなければならないが、突出し板（上）はラフな公差であっても支障はない。

② 突出し板（下）との締結ねじ穴の設定

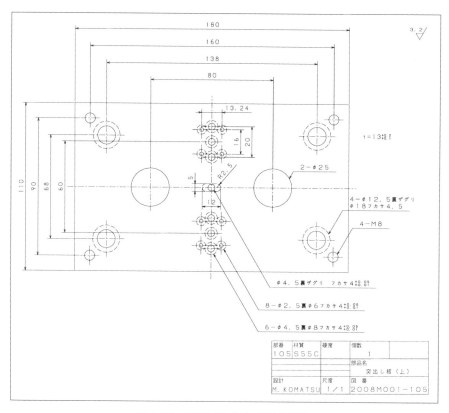

図1.53　突出し板（上）の設計図面

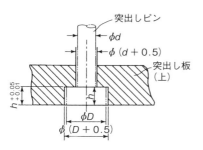

図1.54　突出しピン取付け穴標準寸法

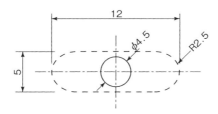

図1.55　スペーサリングを用いた構造

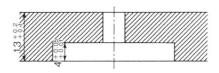

図1.56　ランナーロックピン回り止め形状

M8×4本とする。

③　リターンピン取付穴の設定

リターンピン直径$\phi 12$を4本採用するので、これを取り付けるためにリターンピンつば径のザグリ穴を設定する。

④　サポートピラー取付け穴の設定

サポートピラー直径は$\phi 24^{\pm 0.2}$なので、クリアランスを大きく設定して$\phi 25$とする。

⑤　突出しピン取付け穴の設定

突出しピンの取付け穴は図1.54に示すように（突出しピン直径+0.5 mm

とする。ツバ部の取付け穴ザグリ直径も同様にする。一方、ザグリ深さは $^{+0.05}_{+0.01}$ とする。図1.55に示すようにスペーサリングを使用する構造にする場合にはザグリは不要になる。

⑥ ランナーロックピン取付け穴の設定

ランナーロックピンは、型開き時にランナーを可動側へ引っ張ってくるためのピンである。ピンの先端はZ形状などにしてアンダーカットを設けて強制的に引っ張る。Z形状は、ランナーの突出し時に自重でZ形状から落下できるようにピンのZ方向を固定する必要があるので、長穴形状のザグリを設ける（図1.56）。

⑦ 材質の決定

標準仕様通りS55Cとする。

1.4.10　突出し板（下）の設計 (図1.57)

突出し板（下）もモールドベース構成部品の一つである。

① 外形寸法の決定

$180 \times 110 \times 15^{\pm 0.01}$ とする。板厚公差は、突出し板（下）はエジェクタピンの高さの維持のためにシビアに設定しなければならない（図1.58）。

② 突出し板（上）締結ボルト穴の設定

$M8 \times 4$ 本のボルト締結穴を設ける。

③ サポートピラー取付け穴の設定

2カ所設定する。

④ 材質の決定

標準仕様通りS55Cとする。

1.4.11　スペーサブロックの設計 (図1.59)

スペーサブロックもモールドベース構成部品の一つである。主な機能としては、突出しピンの作動ストロークを確保する機能がある。スペーサブロックの設置する位置は、可動側型板が射出圧力による瞬間的なたわみ量を左右するの

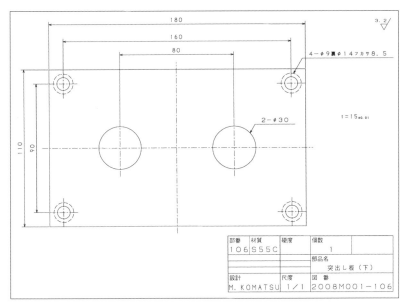

図 1.57　突出し板（下）の設計図面

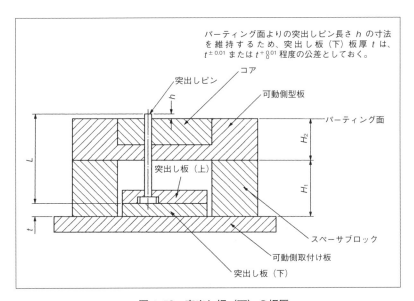

図 1.58　突出し板（下）の板厚 t

第1章 2プレート構造金型の設計事例

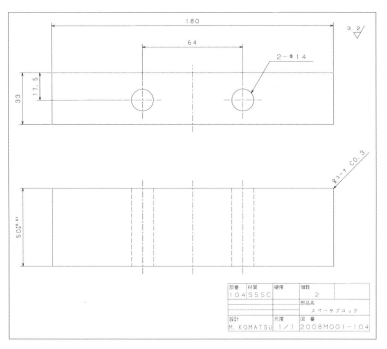

図1.59 スペーサブロックの設計図面

で必要以上に幅広い位置に設置することは避けるようにする。
① 外形寸法の決定
　標準仕様の通りとする。ただし、厚さ寸法についてはエジェクタピンの長さをシビアに維持するために $50^{+0.01}_{0}$ とした。
② 取付けボルト穴の設定
　φ14 × 2カ所、貫通穴を設ける。
③ 材質の決定
　標準仕様通り S55C とする。

1.4.12 可動側取付け板の設計 (図1.60)

可動側取付け板もモールドベース構成部品の一つである。

① 外形寸法の決定

標準仕様 $230 \times 180 \times 20^{+0.2}_{+0.1}$ を採用する。この仕様では金型のプラテンへの取付けはクランプによって締め付けるようになる。ボルトによって取付け板を直接固定するようにしたい場合には、**図1.61**に示すように取付け板のX方向の寸法を広げて、成形機のプラテンピッチに合わせた位置に貫通穴を設けるようにする。

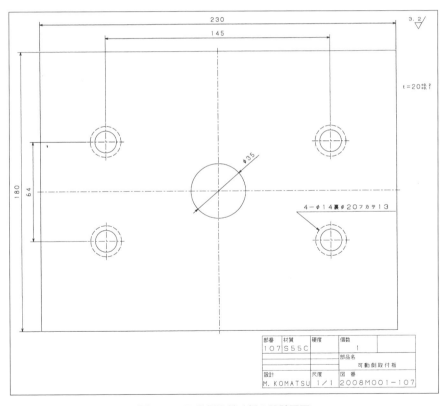

図1.60　可動側取付け板の設計図面

第1章 2プレート構造金型の設計事例

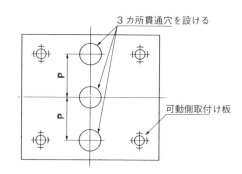

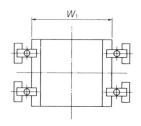

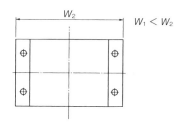

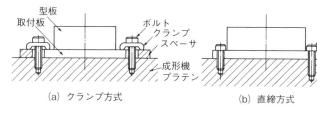

(a) クランプ方式　　　　(b) 直締方式

図1.61　金型の取付け方法

② スペーサブロック、可動側型板締結ねじ穴の設定
M12×4本のボルト用の締結穴を設ける。

③ 成形機エジェクタロッド貫通穴の設定

成形機のエジェクタロッドが取付け穴を貫通して突出し板（下）を押せるようにする。成形機のエジェクタロッドの仕様は、成形機の金型取付け仕様図（既出）を参照する。本例では$\phi 20$のエジェクタロッドが中央部に1本設定されているので、それよりも直径で2mm程度大きな穴を設ける。標準仕様では

$\phi 35$ となっているので、今回はそれを採用する。

④ 材質の決定

標準仕様通り S55C とする。

1.4.13　サポートピラーの設計 (図1.62)

　サポートピラーは、射出圧力による可動側型板の瞬間的なたわみの発生を抑えるための支柱である。サポートピラーが適切に配置されていれば、たわみ量は小さくなり、パーティング面のバリ発生を抑え、成形品の高さ寸法も安定さ

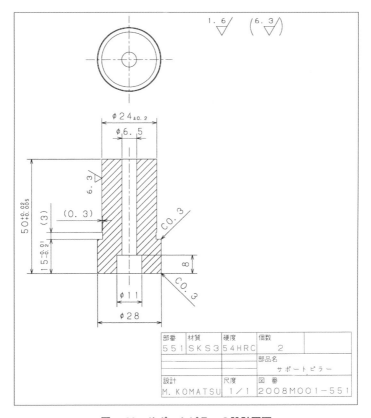

図1.62　サポートピラーの設計図面

せることができる。また、型板の厚さを薄くできる効果もあり、金型のコンパクト化に寄与します。図 1.63 は、可動側型板のたわみを少なくするための考え方を示す。たわみを少なくするためには以下のポイントを押さえた設計をする。

・型板は厚くする。
・スペーサブロックの距離（スパン）は短くする。
・サポートピラーは太くする。
・サポートピラーは十字に配置する。

サポートピラーは図 1.64 に示すような種類がある。受圧面積が広いほどたわみに対抗することができる。

今回の設計では段付きタイプを採用した。段が付いていることによって金型を組み立てる際に突出し板（下）を押さえ込むことができるので、組立作業時に重宝するメリットがある。

① 外形寸法の決定

$\phi24$、$\phi28$ はラフな公差とする。高さ寸法は $^{+0.02}_{+0.005}$ と＋側に設定して圧力に対抗できるようにする。段部の根本には機械加工用の逃げを設ける。

② 材質の決定

SKS3（合金工具鋼）を採用し、焼入れして 54HRC とする。サポートピラーの圧縮強度を高めるために通常は焼入れを施す。

1.4.14　その他のモールドベース付属部品

モールドベースの付属部品としては、上述した部品の他に下記の 3 点がある。

・ガイドピン（図 1.65）
・ガイドブシュ（図 1.66）
・リターンピン（図 1.67）

通常、これらの部品は、モールドベースを購入した際に既に組み付けられているので、設計図面を書く必要はない。ただし、特別な仕様としたい場合や破

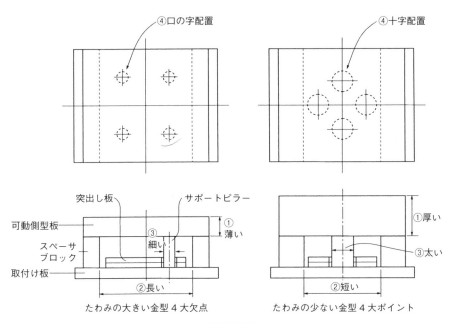

図1.63　可動側型板のたわみ

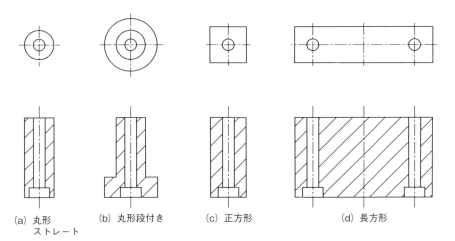

図1.64　サポートピラーの例

第1章 2プレート構造金型の設計事例

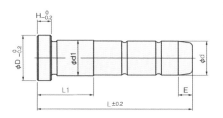

図 1.65　ガイドピン
〔出典〕双葉電子工業㈱「ブルーブック」

カタログNo.	材　質	熱処理硬さ
M-GPA	SUJ2	60～64HRC（高周波焼入れ）

カタログNo.	材　質	熱処理硬さ
M-GBA	SUJ2	58～62HRC

図 1.66　ガイドブシュ
〔出典〕双葉電子工業㈱「ブルーブック」

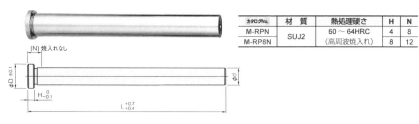

カタログNo.	材　質	熱処理硬さ	H	N
M-RPN	SUJ2	60～64HRC（高周波焼入れ）	4	8
M-RP8N			8	12

図 1.67　リターンピン
〔出典〕双葉電子工業㈱「ブルーブック」

損した際の修理のために図面が必要になる場合もある。

1.4.15 突出しピンの選定

突出しピンは、一般に市販の標準部品を購入して、ピン直径や全長指定をしたり、一部の追加工指示を行う。標準突出しピンの市販メーカーは国内でも5社程度で、海外にも存在する。それぞれのメーカーの規格によって、公差、精度、追加工サービス、価格、納期等が異なる。本例では、㈱ミスミの仕様で選定を行う。

① ピン種類の選定

まず突出しピンの種類を選定する。本例では、

(a) φ4突出しピン

(b) φ2突出しピン

(c) ランナーロックピン

の3種類を選定する。

まず、(a)、(b)については精級ストレートエジェクタピン（L寸法指定、ツバ厚4mmタイプ）を選定する（図1.68）。材質はSKH51（高速度鋼）、硬

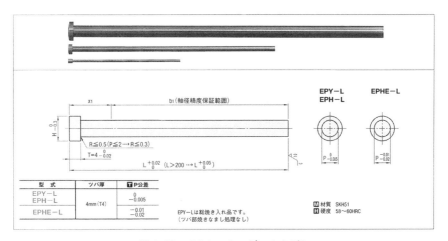

図1.68　ストレートエジェクタピン
〔出典〕㈱ミスミ「プラ型用標準部品カタログ」

第1章 2プレート構造金型の設計事例

度は58～60HRCである。

② 発注コードの選定

次に突出しピン直径 P をリストより選ぶ。$\phi 4$ と $\phi 2$ の寸法を選ぶ。さらに全長 L を決定する。L は次式で計算する。

$L = 〔突出し板（下）天面から可動側型板天面までの寸法〕$
$+ 〔コア高さ h〕$

本例では、

$L = 85 + h$

となる。

$\phi 4$、$\phi 2$ のいずれの突出しピンも $h = 6.83$ の面に配置されるので、

$L = 85 + 6.83 = 91.83$

となる。

したがって、発注コードは、

「EPH－L　4－91.83×6本」
「EPH－L　2－91.83×8本」

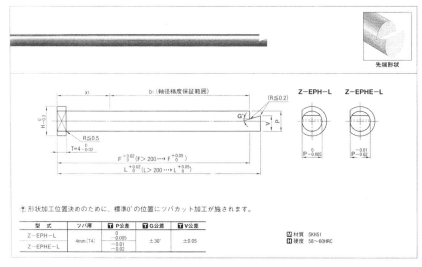

図1.69　Z溝加工付きエジェクタピン
〔出典〕㈱ミスミ「プラ型用標準部品カタログ」

となる。

一方、(c) ランナーロックピンの場合は、先端に Z 形状の追加工をするため、「Z 溝加工付きエジェクタピン（全長指定タイプ）」を選定する（図 1.69）。

発注コードは、

「Z－EPH－L4－84.5－V2.5－G15°－F82－－AWC0」

となる。また、ツバを 2 面カットして回り止めを行う。

1.4.16　スプルーブシュの選定

スプルーブシュも標準部品として購入が可能である。本例では㈱ミスミから選定をする（図 1.70）。

① 形式の選定

形式は、金型構造図面を設計した時点ですでに決めてあるので、その形式を選定する。本例では汎用ボルトタイプ SBBK を選定する。金型推定寿命が 5 万ショットだが、材質は SKD61 の硬い材質を選定した。

② 仕様の選定

金型構造図面より寸法を拾って仕様を選定する。

仕様は下記のようになる。

「SBBK13－L50－SR11－P2.5－A1－LKC」

L 寸法は金型構造図面より拾う。SR は、成形機金型取付仕様のノズル先

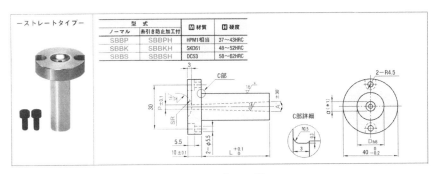

図 1.70　スプルーブシュ
〔出典〕㈱ミスミ「プラ型用標準部品カタログ」

SR 寸法に合わせる。ノズルタッチ部の P 寸法は、(ノズル先端直径 + 0.5) mm を選定する。

スプルー角度 A は、成形材料の種類や離型しにくさを考慮して選定する。角度が大きいほど離型は良くなり、固定側へスプルーが残るリスクを低減できるが、スプルーが太くなり冷却時間が長くなる、スクラップ重量が増えてしまうデメリットも生じる。

1.4.17 ロケートリングの選定

ロケートリングも㈱ミスミより選定する（図 1.71）。寸法は金型構造図面より拾う。

選定仕様は、

「LRBS100 - 10」

となる。

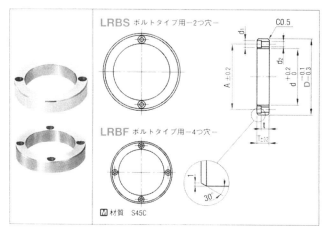

図 1.71 ロケートリング
〔出典〕㈱ミスミ「プラ型用標準部品カタログ」

1.4.18 リターンピン用コイルスプリングの選定

リターンピンは、モールドベースの付属部品として一般的に購入時に組み込

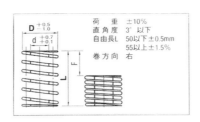

図 1.72　コイルスプリング
〔出典〕㈱ミスミ「プラ型用標準部品カタログ」

まれてくるが、コイルスプリングは選定して購入する必要がある。本例では㈱ミスミから選定をする（図1.72）。

① コイルスプリング内径 d の選定

リターンピン直径は $\phi 12$ なので、これに見合った規格を選定する。この場合、最も適したコイルスプリング内径は $\phi 13.5$ なので、SWS21 シリーズを選定する。

② スプリング全長 L の選定

スプリング全長 L は、組込み部の寸法 L' とたわみ量 F を考慮して選定する。

まず、たわみ量 L' は、金型構造図面より

$$L' = 22 + 20 = 42$$

となる。したがって、L は 42 より少々長めのものを仮に選定する。仮に $L = 45$ とする。

たわみ量 F は必要突出しストロークで決まる。この金型ではコアの最大高さ寸法が 6.83 mm だったので、若干余裕をみて必要突出しストロークは 8 mm と想定する。つまり、8 mm 突き出せば成形品はコアより取り出すことができる。よって、スプリングは最低でも 8 mm たわむ必要がある。

本例では、たわみ量 $F = 22.5$ である SWR を選定する。

したがって仕様は、

「SWR21 - 45　×4本」

となる。

超寿命の金型では突出し板（上）、（下）の重量、スプリングの寿命なども考

慮して選定を行う。

1.5 検　図

　部品図設計が完了したら、続いて検図を行う。検図は、優れた金型設計を行う上で最重要な作業である。

　設計は人間が行っている作業なので、うっかり見逃してしまった点や思い過ごしによる設計ミスが介在する。CADを利用するようになり計算ミスは大幅に削減されたが、逆に数値入力ミスという新しいタイプの人為ミスが発生するようになった。設計ミスは、金型製作の過程では金銭的な損失、時間的損失の面で大きなものがある。いかに部品製作の前に設計ミスを発見して図面修正ができるかに重要な意義がある。

　検図は、設計者自身が行うセルフチェックと上司や第三者が行うチェックがある。検図のポイントは、思い込みを排除して、いかに客観的に行えるかという点にある。ベテランの設計者ともなると、設計ミスする傾向がわかってくるために大きな見落としをする確率は小さくなるが、入門したての設計者は致命的な勘違いをしてしまうことがある。

　そこで、客観性を確保するためにはチェックリストに基づく検図が有効である。チェック項目は、過去の不良内容を統計的に分析して抽出する。チェックは設計者自身と第三者がそれぞれ行うが、第三者は特に重要なポイントのみを行う。表1.6に示すようなチェックリストを作成してみていただきたい。

　検図の結果は、その場限りとせずに、間違えていた内容を整理しておく。金型設計の件数をこなしていくうちに、いつも見落としや勘違いする場所が特定されるようにわかってくる。常に間違えやすい箇所が明確になってくると設計手順や方法の工夫のやり方が見えてくる。設計ミスを克服する術を体得できるようになると、技術難易度の高い金型の設計へチャレンジする気概も高まってくるだろう。

表1.6 チェックリスト

	チェック項目	承認者	設計者
A 重要チェック項目	キャビティ、コアの表、裏は間違っていないか？		
	取個数は合っているか？		
	パーティング面は仕様を満足しているか？		
	ゲート位置、方式は仕様を満足しているか？		
	キャビティの充填は可能か？		
	金型見積りコストは予算範囲内か？		
	成形品見積りコストは予算範囲内か？		
	金型納期は守れるか？		
	納期対策の暫定措置は検討したか？		
	成形品のキャビティよりの離型は可能か？		
	成形品のコアよりの離型は可能か？		
	アンダーカット処理メカニズムは適正か？		
	スプルー、ランナーレイアウトは適正か？		
	センターずれの方向は間違っていないか？		
	冷却水孔が干渉している部分はないか？		
	サポートピンとエジェクタロッドが干渉していないか？		
	成形収縮率は適正か？		
	摺合せ、突当て部の構造は適正か？		
	入れ子分割構造は適正か？		
	成形機取付け仕様を満足しているか？		
	特別仕様を満足しているか？		
	生産ロットに見合った型構造、型材質か？		

	チェック項目	設計者
B 構造チェック項目	そり対策は十分か？　次善策は考えたか？	
	ヒケ対策は十分か？　次善策は考えたか？	
	ショートモールド対策は十分か？　次善策は考えたか？	
	ガス溜り対策は十分か？　次善策は考えたか？	
	樹脂の流れ方を予測しているか？	
	バリ対策は十分か？　次善策は考えたか？	
	ウエルド対策は十分か？　次善策は考えたか？	
	ウエルド位置は OK か？	
	バリ方向は OK か？	
	キャビティの離型対策は十分か？　次善策は考えたか？	
	コアの離型対策は十分か？　次善策は考えたか？	
	突出しピンの位置は適正か？	
	スライドコアのストロークは十分か？	

設計ミスを減らすためには以下のことを行っていくようにする。

① 詳細設計、重要設計は夕方や残業時には行わないようにする。頭がすっきりしている朝、午前中に行うようにする。

② 検図の前には一服したり、体操、散歩をして頭を切り替える。

③ CADやパソコンの前で考えるのをできるだけやめて、CADやパソコンでは入力に集中するだけにする。

④ 個人差もあるが人間の集中力はせいぜい1～2時間である。設計中は5～10分程度リフレッシュするようにする。

⑤ 設計室の換気に留意し、新鮮な空気が脳へ提供できる環境を整備する。脳の活動をしやすい環境作りが管理者の仕事の一つである。

⑥ 過去の設計ミスをくよくよ考えないようにする。成長する過程では設計ミスは誰でも通過しなければならない経験である。失敗は成功の母でもある。

⑦ いきなり詳細設計に着手せずに、金型全体の構想をスケッチで紙に描いてみたりして大きな思い違いがないことを確認するようにする。

⑧ 類似金型の図面を引っ張り出して過去のトラブルの発生状況を調べて参考にする。その金型の設計者にインタビューして苦労話を聞いてみるのも良い方法である。

1.6　金型コスト見積り

　最終検図が完了したら、いよいよ金型部品の製作に取り掛かることになる。金型部品図面が準備されると、各部品の製作工程の決定、加工機械の選定、加工工具の選定、加工時間の見積りが行われる。これらを「工程設計」と呼んでいる。通常は、工程設計は金型設計技術者とは別の工程設計専門のメンバーが行うが、金型設計技術者もその内容については大まかに理解をしておく必要がある。

　金型部品の製作工程では以下の工程がある。

① 素材準備（鋼材の切り出し、外部よりの購入）
② 熱処理（焼入れ、焼戻し、サブゼロ処理など）
③ 切削加工
④ 形彫り放電加工
⑤ ワイヤ放電加工
⑥ 研削加工
⑦ 磨き仕上げ
⑧ 表面処理（エッチング、ショットブラスト、めっき、コーティングなど）
⑨ 標準部品の追加工

これらの工程をどの順番で行うかを検討する。

それぞれの工程では工具を用いて加工を行うが、加工方法によって加工スピードが概略見当がついているので、1時間で加工できる加工長さや加工体積を見積もると、どのくらいの加工時間が必要かを予測することができる。加工時間に1時間当たりの賃率（円／時間）を掛けると機械加工コストが見積もりできる。機械加工以外に素材の着脱や寸法計測などの段取り時間も加味すると、より正確な機械加工コストが見積もりできる。

標準部品などの外部購入品は価格がわかるので、それらをカタログなどで調べる。そして総合計すれば金型の部品加工のコストがどのくらいであるかを見積もることができる。さらに、磨き作業、組立作業、試作成形、試作品の寸法測定などの時間、金型設計の時間から産出されたコストを加算すれば金型の見積りを行うことができる。

見積り予測価格に対して実際にかかったコストを対比させることで見積りの精度はだんだん上がってくる。金型設計技術者は、自分の設計した金型のコストに対しても責任を負う自信がつくようになると一流の仲間入りができる。欧米の優秀な金型設計技術者は見積りについても一定の見識をもっているので、日本でも見習ってコスト感覚を磨くことが重要になる。

第2章

3プレート構造金型の設計事例

第2章　3プレート構造金型の設計事例

　歯車などの射出成形品のゲート構造としては、ピンポイントゲートが多用されている。ピンポイントゲートは、パーティング面に垂直な方向からキャビティに樹脂を充填させることができるため、サイドゲートやトンネルゲートに比べてゲート位置を比較的自由度が高く設定できる優位点がある。ピンポイントゲート構造を金型内で実現するためには「3プレート構造金型」が採用される。この金型構造には次の特徴がある。

　① ランナープレートがある。

　2プレート構造金型は「固定側型板」と「可動側型板」の2枚の主要プレートがあるのに対して、3プレート構造金型は、さらに「ランナープレート」が必要になる。

　② 型開き時に3カ所が開く。

　2プレート構造金型はパーティング面だけしか開かないのに対し、3プレート構造金型は、さらに固定側型板とランナープレートの間、ランナープレートと固定側取付け板の間が開いて、スプルーとランナーを取り出せるようになっている。

　③ 金型構造が複雑になる。

　3プレート構造を実現するためにサポートピンなどの付属部品が増えて複雑な構造になる。

　④ 金型コストが高くなる。

　金型構造が複雑になるため2プレート金型構造よりはコストが高くなる。

　第2章では「プーリー・1個取り金型」を事例としてケーススタディを行う（図2.1）。なお、第1章ですでに解説した事項で重複する内容は省略をする。

2.1　初期検討

（1）斜視図のラフスケッチ─立体形状の理解

　プーリーの斜視図をラフスケッチし、断面形状などについても立体図を描い

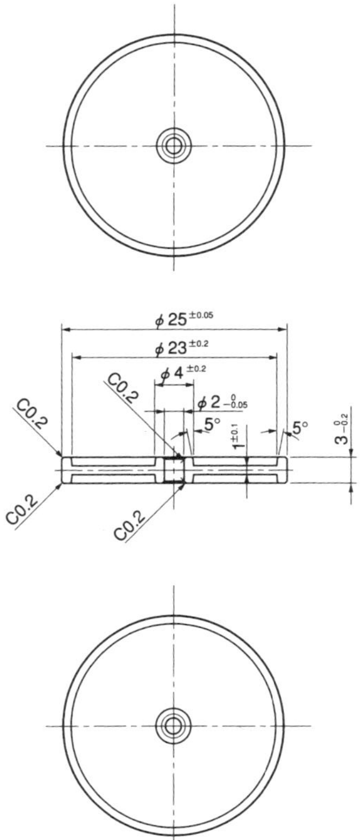

注記
(1) ゲートはピンポイントゲートとし，位置は別途打合せにより決定のこと.
(2) 入れ子分割線については別途打合せにより承認を得ること.
(3) 成形品表示面に著しい傷，バリ，ひけのなきこと.
(4) 指示なき公差は±0.1とする.
(5) 成形品形状の変更は設計者の承認を得ること.

材 質	仕 様	部品名
POM	ポリプラスチックス ジュラコン M270-44	プーリー
△3		図 名
△2		部品図
△1		
設 計 M. KOMATSU	尺 度 2/1	図 番 98B001

図 2.1　プーリーの部品図面

第2章 3プレート構造金型の設計事例

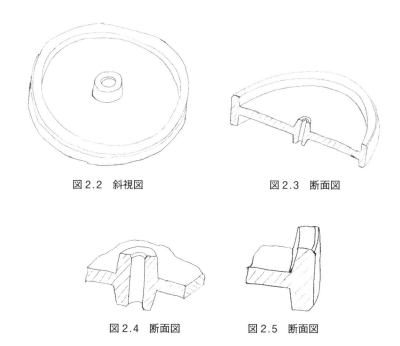

図2.2 斜視図　　　図2.3 断面図

図2.4 断面図　　　図2.5 断面図

て成形品の形状を把握する（図2.2〜図2.5）。

（2）標題欄のチェック

　標題欄の中で、材質と仕様についてチェックする。材質は「POM」と書いてある。POM は「ポリオキシメチレン」の略称で、別名「ポリアセタール」と呼ばれている。POM は歯車、精密機械部品、電子部品などに多用されているエンジニアリングプラスチックである。今回のグレードは、ガラス繊維を含んでいないナチュラルグレードである。

　仕様は、「ポリプラスチックス」（材料メーカー名）、「ジュラコン」（商標名）、「M270-44」（樹脂グレード）となっている。

（3）注記のチェック

　注記の中で、「ゲートはピンポイントゲートとし、位置は別途打合せにより決定のこと」と記載されている。図2.6に示すように成形品の型開き面に垂直方向から樹脂を注入する方法である。ピンポイントゲートは、金型が開く際

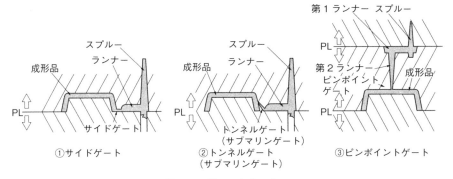

図2.6　ゲート方式の違い

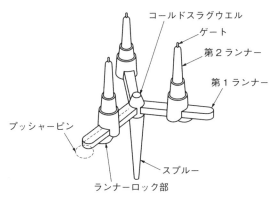

図2.7　スプルー、ランナー、ゲート

に成形品からゲートが自動切断されて、スプルー、ランナーと一緒に取り出される。図2.7にピンポイントゲートのスプルー、ランナーの例を示す。図2.8にはピンポイントゲートの形状例を示す。ゲートの位置については「別途打合せにより決定する」旨記載されているが、図2.9に示すようにゲートの位置、本数については複数の考え方がある。

　また、図2.10に示すようにゲートの切断面は、①へそ残り、②同一面、③凹みの3パターンになる。切断状況は、成形条件によって再現性が確保できるとは限らないので、へそ残りや凹みがあっても支障ないようにゲート部の形状

第2章 3プレート構造金型の設計事例

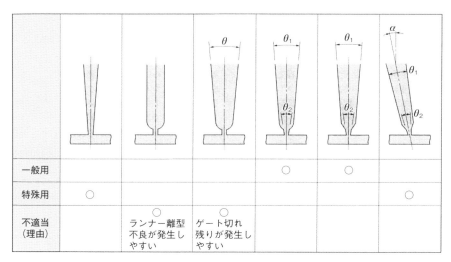

図2.8 ピンポイントゲートの形状

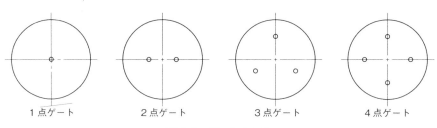

図2.9 ゲートの本数

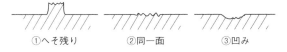

図2.10 ピンポイントゲートの切断状況

を変更させる工夫が場合によっては必要になる。

(4) 必要型締め力、必要射出体積の検討

　キャビティ内圧力を 500 kgf/cm^2 と仮定すると必要型締め力は 3.45 tf となり、成形機は 4 tf 以上の型締め力が必要になる。

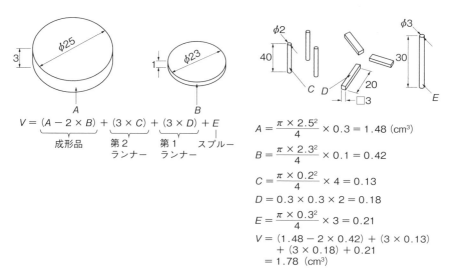

図2.11　必要射出体積の計算

　一方、必要射出体積は、**図2.11**に示すように1.78 cm³と計算されるので、1.5〜2倍程度の余裕をみて3.6 cm³の射出容量をもつ成形機を選定する。

2.2　成形品基本図設計

　本例の成形品基本図を**図2.12**に示す。
（1）成形材料の特性を把握する
　成形材料のPOMの特徴を**表2.1**に示す。POMは、1959年に米国DuPont社で開発された結晶性のエンジニアリングプラスチックである。POMは、ホモポリマーとコポリマーの2つの種類がある。乳白色で、機械的強度が良好で、しかも摩擦抵抗が小さく、疲労強度も良好である。成形収縮率は2〜2.5%と大きく、金型寸法を決定する上で成形収縮率をいくつで見積もるのかが大変重要になる。

第2章 3プレート構造金型の設計事例

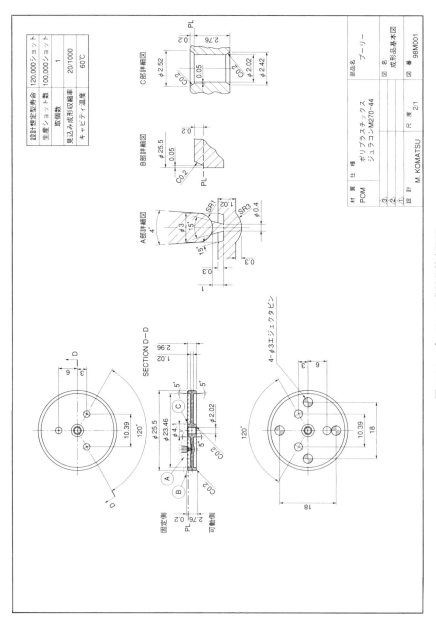

図2.12 プーリーの成形品基本図面

表 2.1　POM の主な用途

産業分野	主な用途例
自動車	ドアハンドル ガスバルブ シートベルト部品 キャブレターパーツ ワイパーギヤ
電気	モータ部品 樹脂ベアリング カセットメカ VTR シャーシ
電子	スイッチ部品
精密機械	ギヤ プーリー 樹脂軸受 カム
日用品	ファスナー、ゴルフシューズ 戸車 回転羽根 くし 水栓

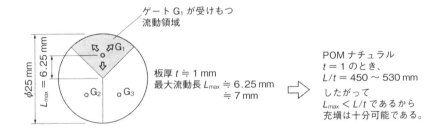

$G_1 \sim G_3$：ピンポイントゲート

図 2.13　L/t の計算

（2）充填可否の検討

本例では、図 2.13 に示すように 120° ピッチで 3 カ所にピンポイントゲートを配置することにした。その理由は以下の通りである。

① 円形のキャビティを満遍なく充填できる。

② 3 カ所から充填することで樹脂温度の低下を少なくし、ウェルドラインを形成しにくくできる。

③ 経験的に円形キャビティでは奇数本数のゲートは真円度を向上させやすい。
④ ゲート切断を 0.3 mm 凹ませた位置に配置できる。

POM の流動比 L/t は、ナチュラル材であれば $t = 1$ mm で $p = 900$ kgf/cm^2 のとき、$L = 450 \sim 530$ mm なので、ゲートからの最大流動長は 7 mm 程度なので楽々充填できると判断される。極端に薄肉の部分もないので充填は平易にできると予測される。

（3）ランナーデザイン

3点のピンポイントゲートの位置が特定されたので、さらにランナーデザインもこの時点で検討する。前掲の図2.7のようにスプルーから放射状に3本の第1ランナーを配置し、第2ランナーからピンポイントゲートへ到達させる。ランナーをランナーストリッパープレートへ引き寄せるためにランナーロックピンを各ゲート近傍へ1本ずつ配置し、ランナーを排出するためのプッシャーピンをゲートの外側の第1ランナーへ1本ずつ配置する。

スプルーの末端にはコールド・スラグウェル（湯溜り）を設け、流動樹脂の先端部の冷えてしまった樹脂を滞留させる場所とする。

（4）ランナー、ゲート形状の決定

ランナー、ゲート形状は第5章にあるピンポイントゲートの資料を参考にして決定した。ゲート直径は $\phi0.4$ mm とした。ゲート先端部には 15°の角度を設け、ゲート先端部の切れ残しを防止する対策を講じた。ゲートランド長さは 1 mm とした。第2ランナー先端の形状は SR1 とし、抜きテーパは 2°とした。ゲートの設定位置は、深さ 0.3 mm の凹みを形状変更することで了解を得ている。ゲートの切れ残りがあった場合でも成形品の表面から飛び出さないようにするためである。また、ゲートと反対側の可動側には SR3、深さ 0.3 mm の凹みを設けた。これはゲート部が 0.3 mm 凹ませたために薄肉となり充填圧力が損失するのを防ぐためである。

（5）パーティング面の決定

表2.2に示すようにパーティング面は3つの案が考えられる。B案の場合は、成形品の側面に分割線が発生してしまい、成形品の機能に支障が起きる。

表2.2 パーティング面の決定

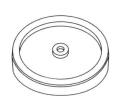

	PL面の位置	成形品の分割線	固定側よりの離型不良
A案	固定側 ⇕ PL 可動側	○ 問題なし	○ 問題なし
B案	固定側 ⇕ PL 可動側	× 分割線 ローラ部に分割線が入るため不適	△ ピンゲートに引っ張られて離型不良となる危険あり
C案	固定側 ⇕ PL 可動側	○ 問題なし	× 離型不良発生する

C案の場合は、固定側に成形品が離型不良になるリスクがある。よって、A案を採用した。

（6）金型製作寸法の決定

キャビティ表面温度は60℃、成形収縮率は2%（20/1,000）とした。これはカタログ値に経験値を考慮して決定した。この収縮率を用いて金型製作寸法を計算する。

（7）抜き勾配の設定：固定側

固定側キャビティ外周とボス内面に5°の抜き勾配を付与した。

（8）抜き勾配の設定：可動側

コア外周とボス内面に5°の抜き勾配を付与した。

（9）突出しピンの配置

$\phi 3\,mm$ のピンを4本、上下左右対称の位置に配置した。

(10) 生産ショット数の記入

本例では見込み成形品生産数量 N は 100,000 個、取り数 n は 1 個取りなので、必要生産ショット数 $N1$ は N/n で 100,000 ショットとなる。したがって設計想定金型寿命 M は $100,000 \times 1.2$ として 120,000 ショットとした。

2.3 金型構造設計

(1) 成形機の金型取付け仕様の確認

成形機は第1章の成形機と同じ日精樹脂工業㈱電気式高性能射出成形機 NEX50 Ⅲ を使用する。したがって以下の金型取付け仕様を満足するように金型を設計する必要がある。

① タイバー間隔の確認

可動側も固定側も 360 mm × 360 mm となっている。

② 最小型厚の確認

170 mm となっている。

③ 金型開閉ストロークの確認

250 mm となっている。

④ 型締め力の確認

50 tf となっている。

⑤ 論射出容量の確認

23 cm^3（スクリュー直径 ϕ19 mm の場合）となっている。

⑥ ロケートリング直径の確認

ϕ100 mm となっている。

⑦ ノズル先端形状の確認

SR10 mm、先端径 ϕ2 mm となっている。

⑧ 取付け可能金型の最大型厚 T の設定（図2.14）

$T =$（最小型厚）＋（型開閉ストローク）$- S - S1 - S2$

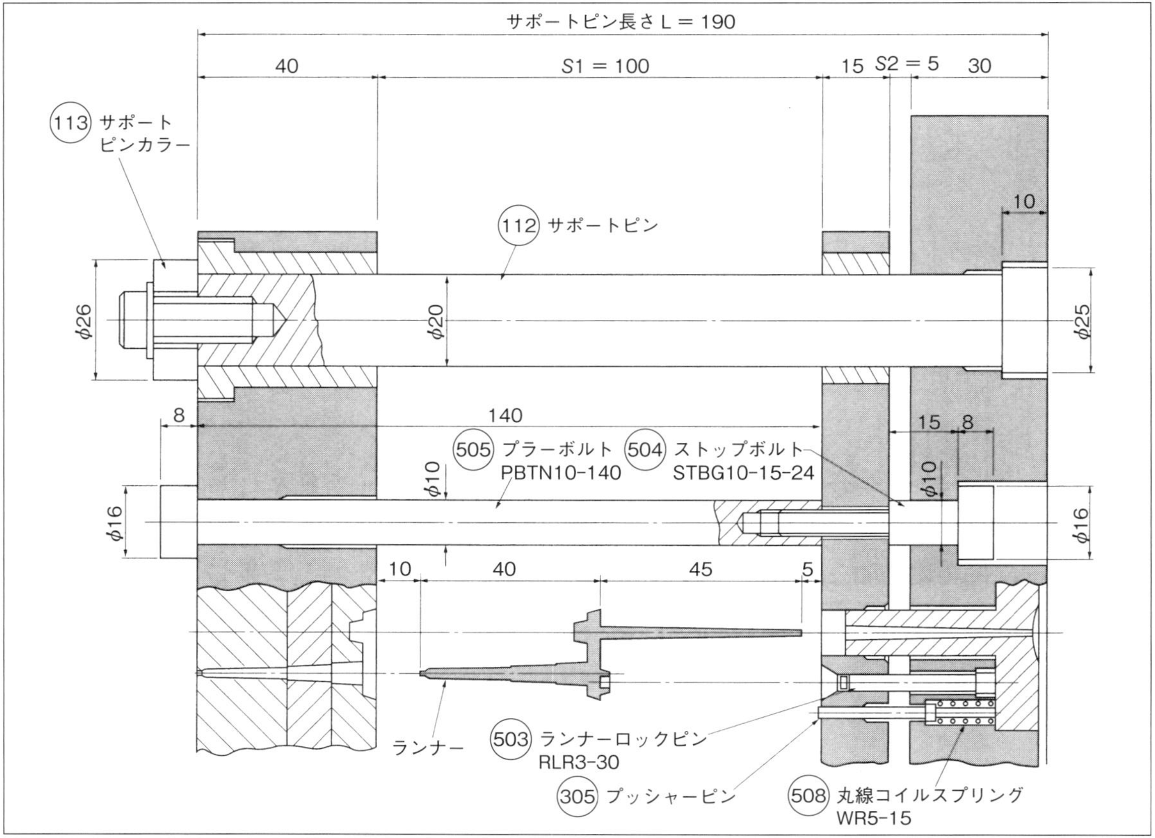

図 2.14 ランナープレート作動図

第2章　3プレート構造金型の設計事例

　　　S：パーティング面ストローク
　　　$S1$：固定側型板底面＆ランナープレート上面のストローク
　　　$S2$：ランナープレート下面＆固定側取付板上面のストローク
本例では以下のようになる。
　　　$T = 150 + 210 - 40 - 100 - 5$
　　　　$= 215 \,(\text{mm})$
よって、取付可能な金型の外形寸法は以下の通りとなる。
　　　・X－Y 寸法：255 mm 以下 × 255 mm 以下
　　　・型厚寸法：150 mm 以上 215 mm 以下

（2）キャビティ配置の検討
　ピンポイントゲートで 1 個取りなので、平面レイアウトはモールドベースの中心にキャビティの中心が来るように配置した。

（3）キャビティサイズの決定
　キャビティの外形寸法は、第 5 章の技術資料〔長方形キャビティ側壁の必要肉厚の計算方法（底面一体の場合）〕を参照して強度計算によりキャビティ側壁の必要肉厚を計算して求める。
　計算結果にさらに、取付けねじ穴の設置代、冷却水孔の設置代などを加えて、きりのよい寸法となるように決定する。本例では 60 mm × 60 mm × 20 mm とした。可動側のコアの外形寸法もこれと同一とした。

（4）モールドベースの選択
　モールドベースは、双葉電子工業㈱の仕様から選定した。3 プレート構造金型のモールドベースには、D シリーズ、E シリーズ、F シリーズ、G シリーズがあるが、本例ではオーソドックスな D シリーズを選択した。さらに D シリーズには、DA タイプ、DB タイプ、DC タイプ、DD タイプがあるが、本例はシンプルな DC タイプを選定した。
　続いて X－Y 寸法が□250 mm 以下のサイズの中からキャビティがレイアウト可能で、かつ冷却水孔や付属部品が取り付けられるサイズとして「1823」を選定した（図 2.15）。さらに、カタログの選定手順に従って仕様を決めて

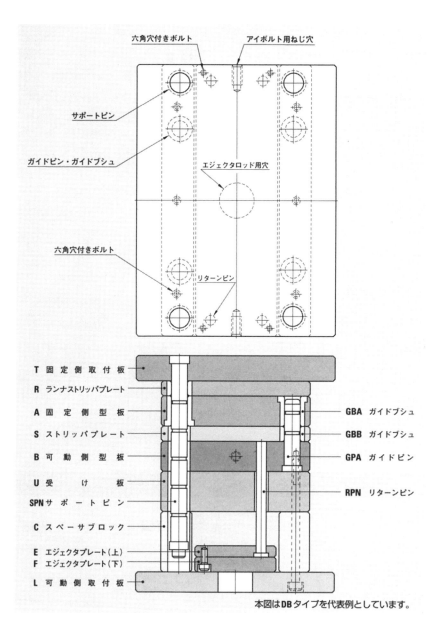

図 2.15 モールドベースの「D シリーズ」(1)
〔出典〕双葉電子工業㈱「ブルーブック」

第 2 章　3 プレート構造金型の設計事例

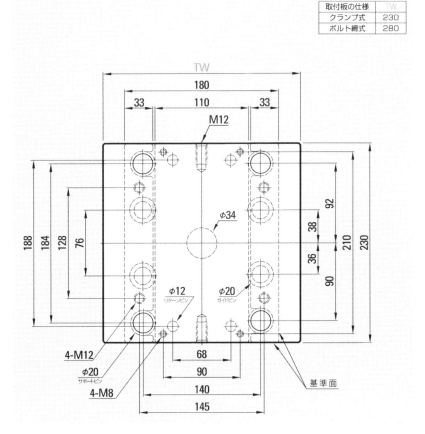

図 2.15　モールドベースの「D シリーズ」(2)
〔出典〕双葉電子工業㈱「ブルーブック」

いく。

最終的には以下の仕様を選定した。

「MDC－DC－1823－40－40－70－S－M－IH－190」

(5) 型開き作動メカニズムの決定

モールドベースの選定と前後して、型開き作動メカニズムの検討も行う（図 2.14）。3 プレート構造金型の場合、固定側型板と可動側型板のパーティング

面は、パーティングロックという部品で一時的にロックされていて、最初に固定側型板の下面とランナープレートの上面が開いて第2ランナーと第1ランナーの離型を行い、次にランナープレートの下面と固定側取付け板の上面が開いてスプルーの離型とランナー全体の排出を行う。最後にパーティングロックが解除されてパーティング面が開いて成形品を突き出す。

これらの一連の作動については、作図をていねいに行って検証をしなければならない。

① 開きストローク $S1$ の決定（図2.16）

固定側型板とランナープレートの型開きストローク $S1$ は、〔スプルー長さ＋第2ランナー長さ＋$α$〕で決定する。$α$ はゆとりで5～20 mm 程度とする。本例では次のようにする。

$S1 = 45 + 40 + 15$
$= 100$（mm）

② ランナープレート・ストローク $S2$

固定側型板とランナープレートの間が開いた後は、ランナープレートと固定側取付け板の間が $S2$ だけ開く。$S2$ は、ランナーロックピンの先端部に形成されているアンダーカットを外すための距離を移動させなければならない。$S2$

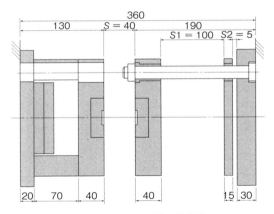

図2.16　金型の型開き状態図

第2章 3プレート構造金型の設計事例

は〔アンダーカット部長さ＋β〕で決定する。

本例では

$$S2 = 2 + 3 = 5 \,(\mathrm{mm})$$

とする。

③ プラーボルト長さの決定

$S1$、$S2$ が決定されるプラーボルトの首下長さも決定することができる。本例では 140 mm となる。

④ トップボルト長さの決定

$S1$、$S2$ よりストップボルトの長さ関係も決定する。

⑤ ポートピン長さの決定

③、④よりストップボルトの長さも決まる。本例では 190 mm となる。

⑥ ランナーロックピンの形状、長さの決定

ランナーロックピンのアンダーカット部の長さ、ロック部形状、取付方法を決定する。ランナーロックピンは本例では標準部品から選定した。

⑦ プッシャーピン構造の決定

スプルー、ランナーをスプリングを用いて弾き飛ばすプッシャーピン構造を決定する（図 2.17）。

⑧ スプルーブシュ周辺機構の決定

ランナープレートとスプルーブシュはプレート作動時に摺動するので、クリアランス（逃げ）の設定、テーパ合わせなどについて検討する。

⑨ プラーボルト平面配置の決定

プラーボルトの配置はスプルー、ランナーの取出し方法により制約を受ける。具体的には、ランナー取出し装置の使用の有無、取出し方向（天地方向、成形機操作側－反操作側方向）、ランナーの重力落下の有無などにより、取出しアームや取り出されたランナーがプラーボルトに引っかからない位置に配置しなければならない。本例では、ランナーを自重落下させる想定で配置している。

（6）パーティングロック方法の決定

パーティングロックは、型開き時に固定側型板と可動側型板の間を一時ロッ

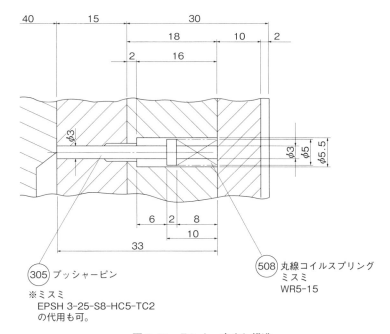

図 2.17 ランナー突出し構造

クするための機構である。ロック方法は数種類あり、詳細は後述する。本例では標準部品の樹脂ロックを 4 カ所採用した。

（7）ランナーロック方法の決定

本例では、標準部品のランナーロックピンを各第 1 ランナーに 1 本ずつ配置した。

（8）ランナーエジェクト構造の決定

ランナープレートからランナーを外すために本例ではプッシャーピン構造を採用した（**図 2.18**）。圧縮コイルスプリングによりピンを作動させてランナーを弾き飛ばす。

（9）サポートピラー配置の検討

可動側型板が充填圧力によりたわむのを阻止するためにサポートピラーを配置する。本例では $\phi 24$ mm のサポートピラーを 2 本配置した。

第2章 3プレート構造金型の設計事例

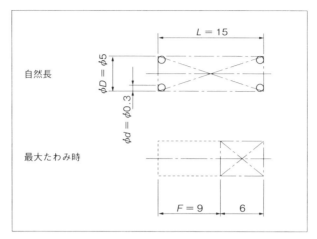

図2.18 ランナー突出し構造

(10) 冷却水孔の決定

冷却水孔は $\phi 8.5$ mm とし、2本を天地方向から配置した。3プレート構造金型ではサポートピン、リターンピン、パーティングロックなどの付属部品との兼ね合いがあり、冷却水孔の配置できるスペースが狭くなりがちなので、型板のサイズを決める場合には冷却水の配置も考慮して多少幅広くすることも必要になる。

本例から少し離れるが、冷却水孔を3次元に形成させる金属粉末造形という技術が実用化され始めている。鋼鉄の粉末をレーザビームで溶解させながら積層してキャビティやコアを形成し、そのプロセスにより冷却水孔を3次元形状で縦横に配置させることができる。このような方法でキャビティ、コアを冷却できると成形品の冷却時間を極小化することができる。図2.19に㈱ソディックの金属3Dプリンタリニアモータ駆動ワンプロセスミーリングセンタ OPM250L による事例を示す。

(11) 突出しピンの配置

成形品基本図の突出しピン配置に基づいて可動側に配置をする。冷却水孔と干渉しないように確認する。

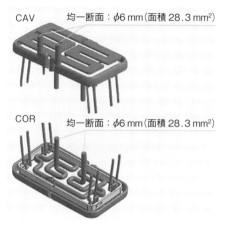

図 2.19 3 次元冷却配管
〔出典〕㈱ソディック技術資料

(12) スプルーブシュの配置

標準部品から選定し、ランナープレートとの摺動部はテーパ合わせとし、M5 ボルト×2 本で固定する。スプルーの抜きテーパは 1° とした。

(13) ロケートリングの配置

標準部品から選定し、配置した。

(14) エアベントの配置

エアベントは、キャビティ内部から空気と成形時に発生するガスをキャビティ外へ排気させるための溝である。本例では可動側コアに 3 本、放射状に配置した。

(15) 叩き穴の配置

キャビティ、コアを型板から取り外すための作業穴を 4 カ所設けた。

(16) インナーガイドの検討

インナーガイドは、キャビティ－コアの精密位置決めをするためのガイドシステムである。テーパガイドブロック、テーパガイドピンなどが標準部品でも販売されている。固定側と可動側の相対的な位置決めはガイドピン－ガイドブシュでなされているが、より精密な位置決めを必要とする場合にはインナーガ

イドを設ける。本例では設けないことにした。

(17) エジェクタガイドシステムの検討

エジェクタガイドシステムは、エジェクタプレートの並行作動を精密に実現するためのシステムである（**図2.20**）。エジェクタプレートが大型化したり、φ2以下の細い突出しピンを多数配置する場合などに必要になる。本例では採用を見送った。

図2.21、**図2.22**に本例の金型構造図、**表2.3**に部品表を示す。

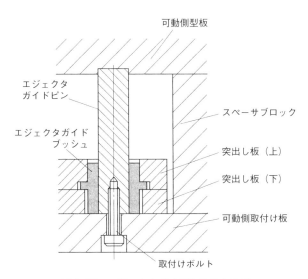

図2.20　エジェクタガイドシステムの例

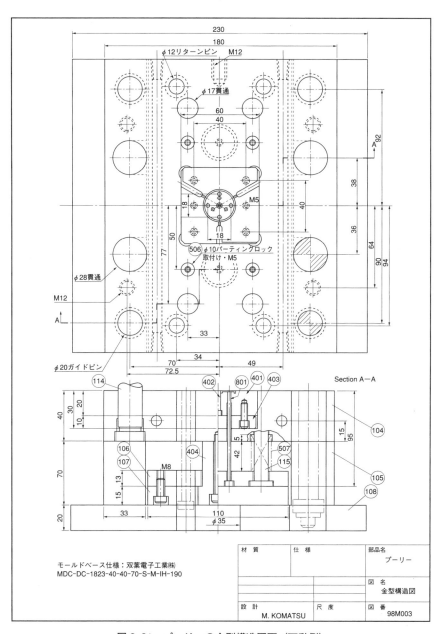

図 2.21 プーリーの金型構造図面(可動側)

第2章 3プレート構造金型の設計事例

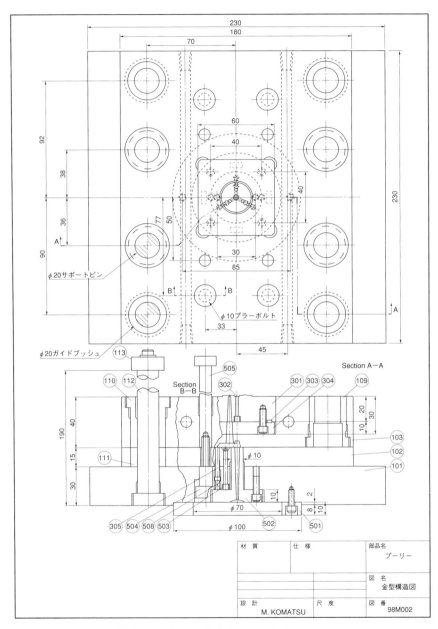

図2.22 プーリーの金型構造図面（固定側）

表2.3 図2.21、図2.22の部品表

部番	部品名	個数	購入先	備考
101	固定側取付け板	1	フタバ	MDC-DC-1823-40-40-70-S-M-IH-190
102	ランナープレート	1	フタバ	
103	固定側型板	1	フタバ	
104	可動側型板	1	フタバ	
105	スペーサブロック	計2	フタバ	
106	突出し板（上）	1	フタバ	
107	突出し板（下）	1	フタバ	
108	可動側取付け板	1	フタバ	
109	ガイドブッシュ	4	フタバ	M-GBA 20 × 40
110	ガイドブッシュ（サポートピン用）	4	フタバ	M-GBA 20 × 40
111	ガイドブッシュ（サポートピン用）	4	フタバ	M-GBB 20 × 14
112	サポートピン	4	フタバ	M-SPN 20 × 190
113	サポートピンカラー	4	フタバ	M-SPC 20
114	ガイドピン	4	フタバ	M-GPA 20 × 77 × 39
115	リターンピン	4	フタバ	M-RPN 12 × 95
301	メインキャビティ	1		
302	固定側コアピン	1		
303	キー	4		
304	固定側バッキングプレート	1		
305	プッシャーピン	3		ミスミ購入品でも可
401	メインコア	1		
402	可動側コアピン	1		ミスミ購入品でも可
403	可動側バッキングプレート	1		
404	サポートピラー	2		
501	ロケートリング	1	ミスミ	LRBS 100-10
502	スプルーブッシュ	1	ミスミ	SBBK 10-L33-SR11-P1.5-A2
503	ランナーロックピン	3	ミスミ	RLR 3-30
504	ストップボルト	4	ミスミ	STBG 10-15-24
505	ブラーボルト	4	ミスミ	PBTN 10-140
506	パーティングロック	4	ミスミ	PL10
507	リターンピン用コイルスプリング	4	ミスミ	SWR 21-50
508	丸線コイルスプリング	3	ミスミ	WR 5-15
801	突出しピン	4	ミスミ	EPH-L3-93.21
901	第2ランナー加工用電極	3		
902	ゲート加工用電極	3		

2.4　部品図設計

(1) メインキャビティの設計（図2.23）

① 外形寸法の決定

金型構造図面よりキャビティの外形寸法を抜き出す。X－Y方向寸法は固定側型板のポケット穴 $^{+0.01}_{0}$ にすきまばめされるので、$^{0}_{-0.01}$ で公差設定する。高さ寸法は $^{+0.005}_{0}$ としてパーティング面より凸になる方向とする。

② 外周逃げの設定

底面全周に深さ0.1、高さ8の外周逃げ、底面コーナー全周にC0.3を付与する。

③ プーリ形状の決定

キャビティのプーリ形状の彫込み寸法は、成形品基本図と金型構造図面から抜き出す。各部の寸法公差は、下記について総合的に検討して優先順位により決定する。

・成形品の寸法公差
・別の金型部品との関係（はめあい、摺り合わせ、突当てなど）
・金型の修正リスク
・機械加工方法の加工能力
・後工程との関係（磨き、めっき、エッチング、ブラスト、コーティングなど）
・加工コスト
・その他特殊事情

④ コアピン挿入部の設定

中央の貫通穴には（302）固定側コアピンが組み込まれるので、すきまばめとなるように $^{+0.01}_{0}$ で公差設定する。コアピンの方は $^{0}_{-0.01}$ で設定しているので、最大で0.02、最小で0のクリアランス管理がなされる。POMであれば、このクリアランス範囲であればバリの発生もなく、エアベントとしての適切な排気性も確保できる。貫通穴の下側には逃げを設定する。

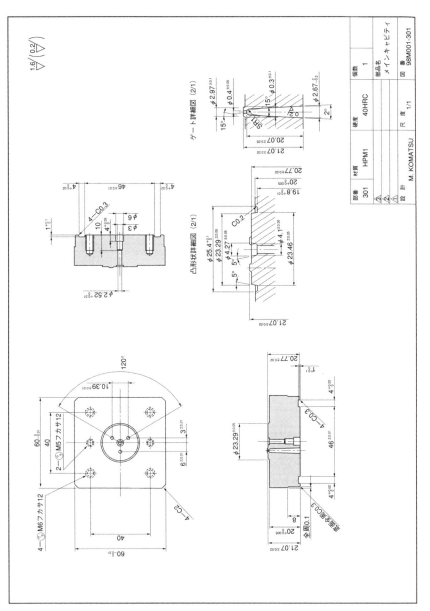

図2.23 メインキャビティの設計図面

第 2 章　3 プレート構造金型の設計事例

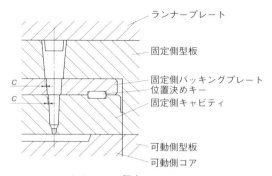

$c = 0.05 \sim 0.2$ 程度
〈キャビティとバッキングプレートの
位置決めキーがある場合〉

図 2.24　ランナーの断面デザイン

⑤ ゲート、第 2 ランナーの設定

ゲートと第 2 ランナーは、キャビティ中心に対して 120°ピッチで配置される。ゲートと第 2 ランナーの内面は、離型をしやすくするために表面を 0.2a の鏡面仕上げにする。

⑥ 取付けねじの設定

固定側バッキングプレートとの締結ねじ M5 × 2 本、固定側型板との締結ねじ M6 × 4 本を設定する。

⑦ 位置決めキー溝の設定

固定側バッキングプレートの第 2 ランナーとメインキャビティの第 2 ランナー部の位置がずれてしまうとアンダーカットになり離型できなくなるので、精密な位置決めをするために（303）キーを設置する（図 2.24）。キー溝は、ピッチ $46^{\pm 0.01}$ とし、溝幅は $4^{+0.02}_{0}$、深さは $1^{+0.1}_{0}$ とする。溝の肩口にはキー挿入しやすくするために C0.3 を設ける。

⑧ 材質・硬度の決定

プリハードン鋼 HPM1〔日立金属㈱製〕、40HRC を採用した。

（2）固定側コアピンの設計（図2.25）

固定側コアピンは、プーリの中心穴を形成するためのピンである。メインキャビティにすきまばめされて可動側コアピンと突き当てされる。

① 軸径寸法の決定

メインキャビティの穴にすきまばめされるので $2.52_{-0.01}^{0}$ とする。

② 先端部形状の決定

$C0.2^{\pm 0.05}$ とする。また、Cの開始点までの高さ寸法は、成形品基本図上では19.8になるが、加工公差のばらつきを考慮して $19.85^{\pm 0.05}$ と補正した。

③ ピン全長寸法の決定

ピン先端面は、可動側コアピンと突当てになる。可動側コアピンの全長公差を $_{+0.01}^{+0.02}$ とするので、固定側は $_{0}^{+0.01}$ とする。この公差の組合せで最大で0.03、最小で0.01の突当てが得られ、隙間からバリが発生することを抑止できる。

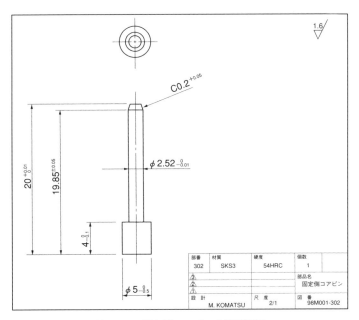

図2.25 固定側コアピンの設計図面

第2章 3プレート構造金型の設計事例

④ ツバ部寸法の決定

$\phi 5_{-0.5}^{\;\;0} \times$高さ$4_{-0.1}^{\;\;0}$ とする。

⑤ 材質の決定

SKS3（合金工具鋼）、54HRC とする。

（3）固定側バッキングプレートの設計（図 2.26）

① 外形寸法の決定

58×58 とキャビティ外形より 1 mm 小さく設定した。厚さは $10_{\;\;0}^{+0.01}$ とする。

② 取付け穴の設定

メインキャビティを M5×2本で締結するためのボルトザグリ穴、型板とメ

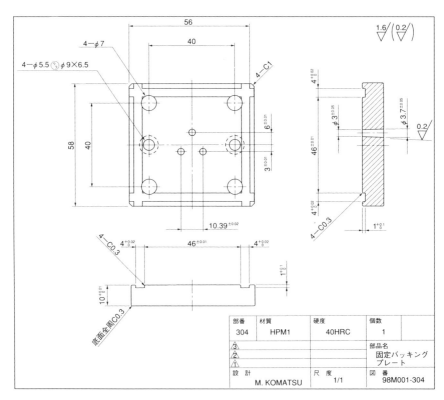

図 2.26　固定側バッキングプレートの設計図面

インキャビティを締結する M6 ボルトの貫通穴 4 カ所を設定する。

③ 第 2 ランナー形状の決定

ピッチ位置精度は ± 0.01 とシビアにし、穴の内面はテーパ 3°、$\phi 3^{\pm 0.05}$ とし、穴内面は鏡面仕上げとする。

④ キー溝の設定

ピッチ寸法 $46^{\pm 0.01}$、幅寸法 $4^{+0.02}_{0}$、深さ $1^{+0.1}_{0}$ とする。

⑤ 材質、硬度の決定

HPM1、40HRC とする。

(4) キーの設計（図 2.27）

キーは、メインキャビティと固定側バッキングプレートの位置ずれを防止するために挿入する部品である。

① 外形寸法の決定

厚さ $2^{-0.01}_{-0.1}$ と − 側に設定する。幅は $4^{0}_{-0.01}$ とする。固定側バッキングプレートの溝は $4^{+0.02}_{0}$ としているので、この程度のクリアランス設定であればキーを 4 本挿入しても組立ができると考える。

② 材質の決定

HPM1、40HRC とする。

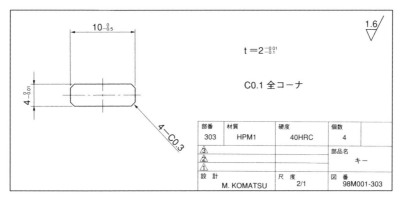

図 2.27　キーの設計図面

第2章 3プレート構造金型の設計事例

(5) メインコアの設計（図2.28）

① 外形寸法の決定

金型構造図面より外形寸法を抜き出す。X‒Y方向寸法は可動側型板のポケット穴 $^{+0.01}_{0}$ にすきまばめされるので、$^{0}_{-0.01}$ で公差設定する。高さ寸法は $^{+0.005}_{0}$ としてパーティング面より凸になる方向とする。

② 外周逃げの設定

底面全周に深さ0.1、高さ8の外周逃げ、底面コーナー全周にC0.3を付与する。

③ プーリ形状の決定

成形品基本図と金型構造図より決定する。

④ コアピン挿入部の設定

中央の貫通穴には（402）コアピンが組み込まれる。すきまばめとなるように $^{+0.01}_{0}$ で公差設定する。コアピンの方は $^{0}_{-0.01}$ で設定しているので、最大で0.02、最小で0のクリアランス管理がなされる。POMであれば、このクリアランス範囲であればバリの発生もなく、エアベントとしての適切な排気性も確保できる。貫通穴の下側には逃げを設定する。

⑤ ゲート湯溜りの設定

メインコア中心より120°ピッチで凹みを設定する。

⑥ 取付けねじの設定

可動側バッキングプレートを取り付けるためのM5ねじ穴2カ所、可動側型板に締結するM6ねじ穴4カ所を設定する。

⑦ 突出しピン穴の設定

突出しピンの外形寸法公差は $^{0}_{-0.005}$ なので、取付け穴の公差は $^{+0.01}_{0}$ とする。クリアランスは最大で0.015、最小で0となる。この程度であればバリは発生せず、エアベントの効果も得られる。

⑧ 材質、硬度の決定

キャビティと同じくHPM1、40HRCとする。

⑨ エアベントの設定

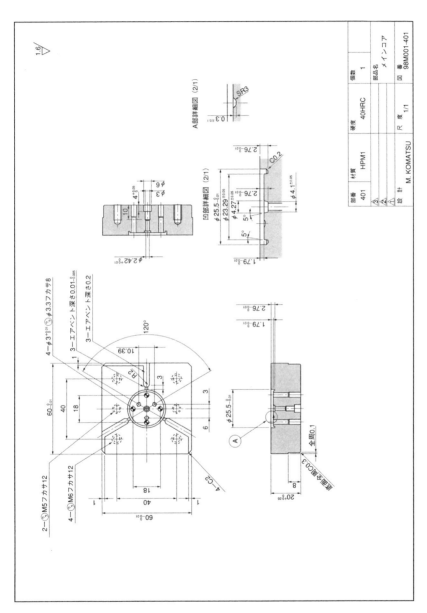

図2.28 メインコアの設計図面

第2章 3プレート構造金型の設計事例

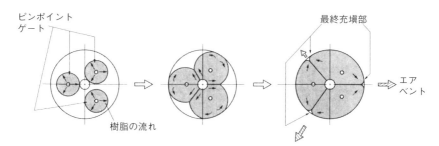

図2.29 予想される樹脂の流れ

　エアベントは、キャビティ内のエアや溶融樹脂から発生したガスを外部へ排出するための通路である。樹脂の最終充塡部やエアの逃げ道がない袋小路の部分に設ける。本例では、図2.29に示すように溶融樹脂は3カ所のピンポイントゲートから流動してプーリの中心より120°ピッチの位置で合流すると予想される。そのため、パーティング面に深さ0.01のエアベントを設け、キャビティの縁から3mmの位置に深さ0.2mmの深いエアベントを設ける。図2.30、図2.31にその他のエアベントの例を示す。

（6）可動側コアピンの設計（図2.32）

　可動側コアピンは、固定側コアピンと突き当てされてプーリー中心に貫通穴を形成させるための部品である。

① 軸径寸法の決定

　メインコアの穴にすきまばめされるので $2.42_{-0.01}^{\ 0}$ とする。

② 先端部形状の決定

　開始点までの高さ寸法は成形品基本図上では17.24になるが、加工公差のばらつきを考慮して $17.29^{\pm 0.05}$ と補正した。

③ ピン全長寸法の決定

　ピン先端面は固定側コアピンと突当てになる。固定側コアピンの全長公差を $^{+0.01}_{\ 0}$ とするので、可動側は $^{+0.02}_{+0.01}$ とする。この公差の組合せで最大で0.03、最小で0.01の突当てが得られ、隙間からバリが発生することを抑止できる。

④ ツバ部寸法の決定

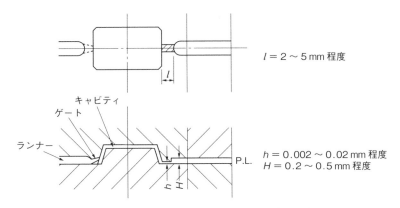

図2.30 効果的なエアベントの設置例(その1)

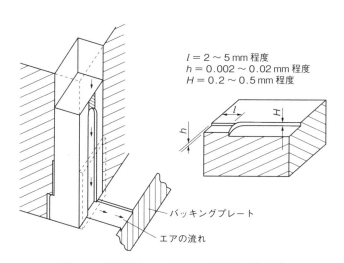

図2.31 効果的なエアベントの配置例(その2)

$\phi 5 _{-0.5}^{\ 0} \times$高さ$4 _{-0.1}^{\ 0}$とする。

⑤ 材質の決定

第 2 章　3 プレート構造金型の設計事例

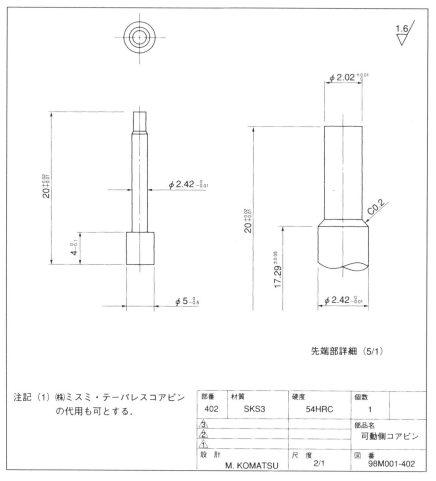

図 2.32　可動側コアピンの設計図面

SKS3（合金工具鋼）、54HRC とする。

⑥　標準部品の適用

　コアピンは、㈱ミスミの精級 1 段コアピン「CPVB－1D2.5－20.01－P2.42－F17.29－A2.02－CVC0.19」を選定して購入することも可能である。

（7）可動側バッキングプレートの設計（図 2.33）

可動側バッキングプレートは可動側コアピンを固定するためのプレートである。外形寸法は、58 × 58 とメインキャビティよりも片側 1 mm ずつ小さくした。ねじ取付け用貫通穴、突出しピン貫通穴を設ける。材質は HPM1、40HRC とする。

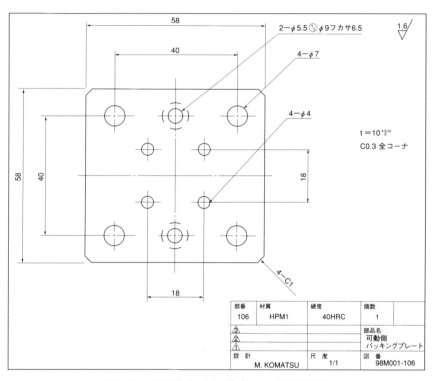

図 2.33　可動側バッキングプレートの設計図面

（8）電極の設計（図 2.34）

電極は、(901)、(902) を設計する。材質は、(901) は銅、(902) は微細形状なので、消耗にくい銅－タングステンを採用した。

第2章 3プレート構造金型の設計事例

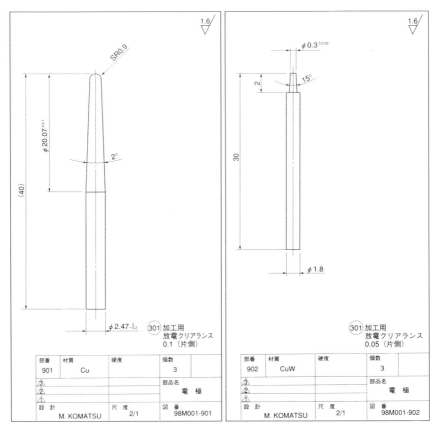

図2.34 電極の設計図面

（9）固定側取付け板の設計（図2.35）

① サポートピン取付け穴の設定

4カ所の取付け穴を設ける。

② ロケートリング取付け部の設定

$\phi100$ のロケートリングを M6×2本のボルトで締結する仕様とする。

③ スプルーブシュ取付け部の設定

M5×2本のボルトで締結する仕様とする。ブシュ軸部とフランジ部外形は

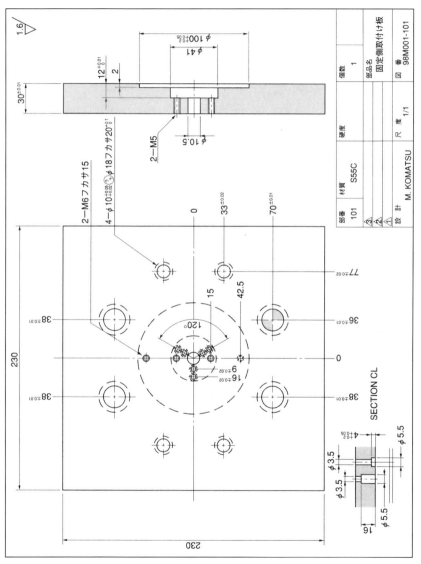

図 2.35 固定側取付け板の設計図面

第2章 3プレート構造金型の設計事例

大きなクリアランスを設けておく。ザグリ寸法は $12^{+0.01}_{0}$ と高さ寸法はシビアに公差設定する。

④ ストップボルト取付け穴の設定

4カ所のザグリ穴を設ける。穴ピッチは±0.02とややシビアに設定する。穴径は $^{+0.05}_{+0.02}$ と大きめのクリアランスが確保できるように公差設定する。

⑤ ランナーロックピン取付け穴の設定

ピッチ公差を±0.02とややシビアに設定する。穴径は大きなクリアランスを設定する。組込み時の位置合わせが平易にできるようにするためである。ザグリ深さは＋側に設定する。

⑥ プッシャーピン取付け穴の設定

ランナーロックピン取付け穴と同様にピッチ公差を±0.02とややシビアに設定する。穴径は大きなクリアランスを設定する。組込み時の位置合わせが平易にできるようにするためである。

(10) ランナープレートの設計（図2.36）

① サポートピン用ガイドブシュ取付け穴の設定

4カ所設定し、ガイドブシュを取り付ける。

② スプルーブシュ取付け穴の設定

スプルーブシュの胴部が毎回の型開き時に摺動するので、すきまばめでクリアランスを設定する。大きすぎると樹脂バリが発生するので留意する。裏側には、組込みしやすいように逃げと縁部にC1を設ける。

③ ランナーロックピン取付け穴の設定

ランナーロックピンも毎回の型開き時に摺動するので、すきまばめでクリアランスを設定する。大きすぎると樹脂バリが発生するので留意する。裏側には、組込みしやすいように逃げと縁部にC1を設ける。ロック部の彫込み形状の公差はラフにする。

④ プッシャーピン取付け穴の設定

プッシャーピンも毎回の型開き時に摺動するので、すきまばめでクリアランスを設定する。大きすぎると樹脂バリが発生するので留意する。裏側には組み

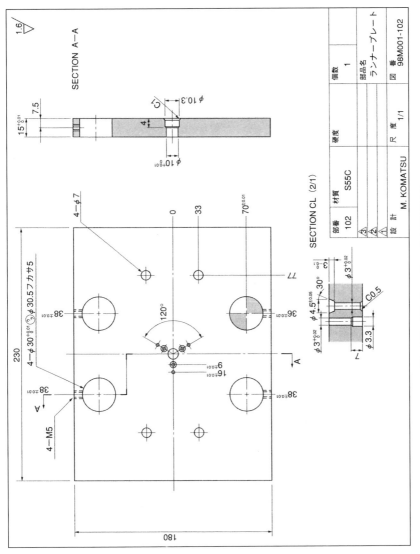

図2.36 ランナープレートの設計図面

第2章 3プレート構造金型の設計事例

込みしやすいように逃げを設ける。

(11) 固定側型板の設計（図2.37）

① 外形寸法の決定

型板の厚さ公差は $40^{\pm 0.01}$ とシビアに設定する。3プレート構造金型ではランナープレートやスプルーブシュとの高さ方向の関係を精密にする必要があるためである。

② ガイドブシュ取付け部の設定

8カ所に取付け穴を設定する。一般的にはガイドブシュのピッチは位置決めガイドブシュとサポートピン用ガイドブシュのそれぞれ1カ所ずつずれているのが通例である。型板の逆組込みを防止するためである。

③ ポケット彫込み部の設定

X-Y方向は $^{+0.01}_{0}$ とし、深さ方向は $^{0}_{-0.01}$ と浅めに公差設定する。

④ 第1ランナー、第2ランナー形状彫込みの設定

金型構造図面に基づいて設定する。ランナー内面は離型を良くするために鏡面仕上げとする。

⑤ キャビティ取付け穴の設定

M6×4本のボルトで締結する取付け穴を設ける。

⑥ 叩き穴の設定

$\phi 8 \times 4$ カ所設定する。

⑦ プラーボルト取付け穴の設定

プラーボルトは毎回の型開き時に摺動するので $^{+0.05}_{+0.01}$ のクリアランス設定ですきまばめとする。また、パーティング面側に逃げを設ける。

⑧ パーティングロック取付け穴の設定

可動側型板に取り付けられた樹脂ロックが挿入される穴である。入り口縁部にはR1を設け、ロックが入りやすくする。

⑨ 冷却水孔の設定

$\phi 8.5$ で天地方向に2本配置する。水孔の両端には管用テーパめねじR1/8を設ける。

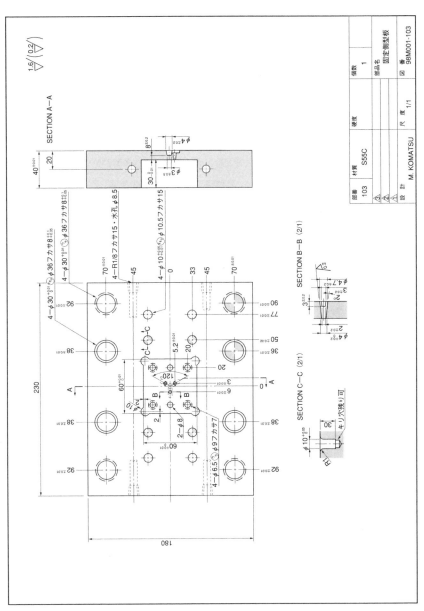

図 2.37　固定側型板の設計図面

第2章　3プレート構造金型の設計事例

（12）可動側型板の設計（図2.38）
① 外形寸法の決定

型板の厚さ公差は $40^{\pm 0.01}$ とシビアに設定する。エジェクタピンなどとの高さ方向の関係は精密にする必要があるためである。

② アイボルト用ねじの設定

金型を吊り下げるためのアイボルトを取り付ける M12 のねじ穴を設定する。

③ ガイドピン取付け部の設定

4カ所に取付け穴を設定する。一般的にはガイドピンのピッチは1カ所だけずれているのが通例である。型板の逆組込みを防止するためである。

④ ポケット彫込み部の設定

X－Y方向は $^{+0.01}_{0}$ とし、深さ方向は $^{0}_{-0.01}$ と浅めに公差設定する。

⑤ コア取付け穴の設定

M6×4本のボルトで締結する取付け穴を設ける。

⑥ サポートピンカラー逃げ穴の設定

型締め時に固定側に設けてあるサポートピンのカラーが進入してくるので、その逃げ穴を設定する。サポートピンのピッチは1カ所ずれているので留意する。

⑦ 叩き穴の設定

$\phi 8 \times 4$ カ所設定する。

⑧ スペーサブロック取付けねじの設定

M12×4本設定する。

⑨ リターンピン取付け穴の設定

$\phi 12^{+0.1}_{+0.05} \times 4$ カ所設定する。裏面にはコイルスプリング用ザグリを設ける。

⑩ 突出しピン取付け穴の設定

金型構造図面よりピッチ寸法を拾う。（突出しピン直径＋1）mm で貫通穴を設定する。

⑪ パーティングロック取付けザグリおよびねじ穴の設定

ザグリのピッチ寸法公差は±0.02 とややシビアに設定する。

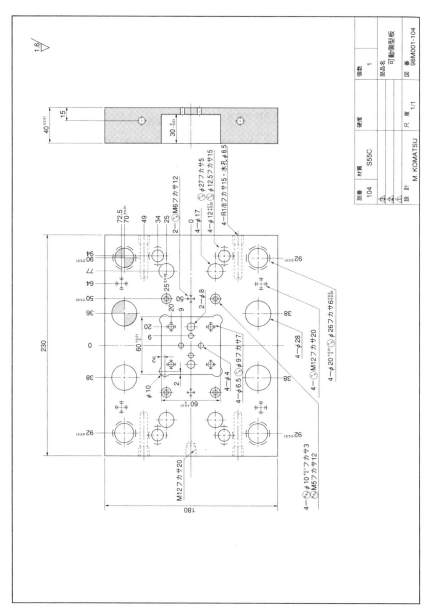

図 2.38 可動側型板の設計図面

第 2 章　3 プレート構造金型の設計事例

⑫ プラーボルト逃げ穴の設定

型締め時に固定側に設けてあるプラーボルトが進入してくるので、その逃げ穴を設定する。プラーボルトのツバ部直径は φ16 なので逃げ穴は φ17 とした。

⑬ 冷却水孔の設定

φ8.5 で天地方向に 2 本配置する。水孔の両端には管用テーパめねじ R1/8 を設ける。

(13) 突出し板（上）の設計（図 2.39）

① 外形寸法の決定

モールドベースの基本仕様に基づく。板厚は $13^{+0.2}_{+0.1}$ とラフであっても突出し板（上）は支障ない。

② 突出し板（下）締結ねじの設定

M8 × 4 本設定する。

③ 突出しピン取付け穴の設定

各突出しピンのツバ形状に合わせた設定をする。

④ リターンピン取付け穴の設定

φ12 のリターンピンを 4 本取り付ける穴を設定する。

⑤ サポートピラー取付け穴の設定

φ24 のサポートピラーを取り付ける φ25 の貫通穴を 2 カ所設ける。

⑥ プラーボルト逃げ穴の設定

型締め時に固定側に設けてあるプラーボルトが進入してくるので、その逃げ穴を設定する。プラーボルトのツバ部直径は φ16 なので逃げ穴は φ17 とした。

(14) 突出し板（下）の設計（図 2.40）

① 外形寸法の決定

モールドベースの基本仕様に基づく。板厚は $15^{+0.01}_{0}$ とシビアに設定する。エジェクタピンなどの高さを正確に維持するためである。

② 突出し板（上）締結穴の設定

M8 × 4 本用で設定する。

③ サポートピラー取付け穴の設定

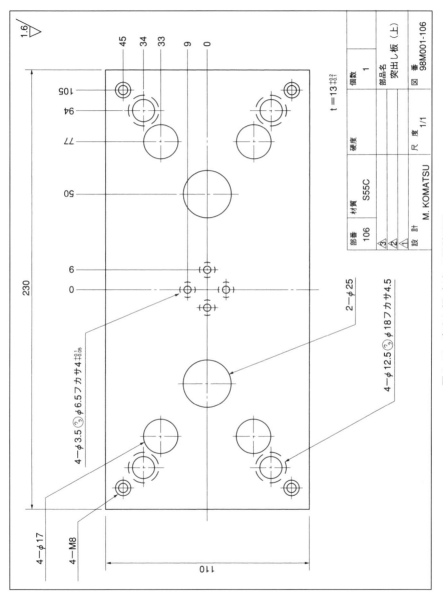

図 2.39 突出し板（上）の設計図面

第2章 3プレート構造金型の設計事例

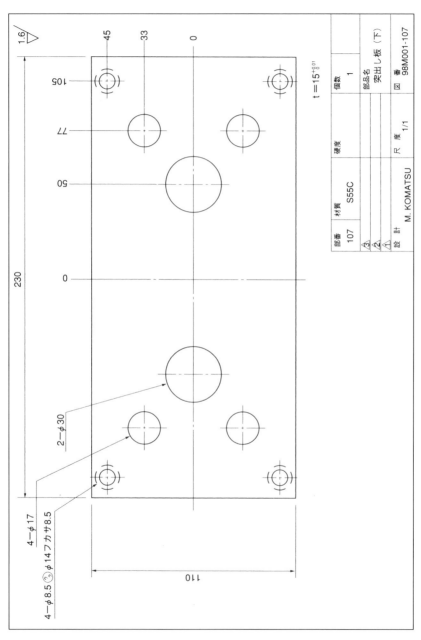

図2.40 突出し板（下）の設計図面

$\phi28$ のサポートピラーのツバ部を取り付ける $\phi30$ の貫通穴を 2 カ所設ける。

④ プラーボルト逃げ穴の設定

型締め時に固定側に設けてあるプラーボルトが進入してくるので、その逃げ穴を設定する。プラーボルトのツバ部直径は $\phi16$ なので逃げ穴は $\phi17$ とした。

(15) スペーサブロックの設計（図 2.41）

① 外形寸法の決定

モールドベース仕様に従う。厚さ寸法公差は $74^{+0.01}_{0}$ とシビアに設定する。突出しピンなどの高さを正確に維持するためである。

② 取付けボルト穴の設定

M12 × 2 本の取付け用貫通穴を設ける。

③ サポートピンカラーの逃げ穴の設定

型締め時に固定側に設けてあるサポートピンが進入してくるので、その逃げ穴を設定する。

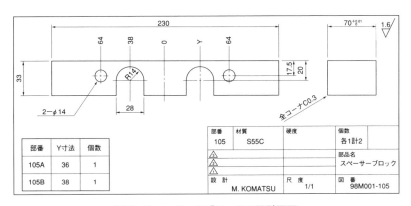

図 2.41　スペーサブロックの設計図面

(16) 可動側取付け板の設計（図 2.42）

① 外形寸法の決定

モールドベースの仕様に従う。

② スペーサブロック締結穴の設定

第2章 3プレート構造金型の設計事例

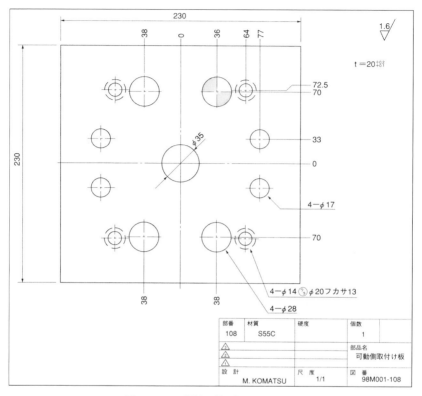

図2.42 可動側取付け板の設計図面

M12×4本のボルトを取り付けるように設定する。

③ エジェクタロッド穴の設定

射出成形機のエジェクタロッドが貫通する穴を中央部に設ける。

④ サポートピン逃げ穴の設定

型締め時に固定側に設けてあるサポートピンが進入してくるので、その逃げ穴を設定する。

⑤ プラーボルト逃げ穴の設定

型締め時に固定側に設けてあるプラーボルトが進入してくるので、その逃げ穴を設定する。

(17) サポートピンの設計

サポートピンは、3プレート構造金型のモールドベースを購入する際には付属部品として供給される（図2.43）。ただし、サポートピンの全長は金型の厚さによって変動するので、金型構造設計時に金型の開閉作動図を作図したので、それに基づいて長さを指定する。本例では $L = 190$ mm とした。

カタログNo.	材質	熱処理硬さ
M-SPN	SUJ2	60〜64HRC（高周波焼入れ）

d		d1		D	H	L1	M	F
寸法	許容差	寸法	許容差					
12	−0.016	12	+0.018	17	6	24	M6	12
16	−0.027	16	+0.007	20	8		M10	20
20		20	+0.021	25	10	29	M12	25
25	−0.020	25	+0.008	30	12	34	M14	30
30	−0.033	30		35	14	44		
35	−0.025	35	+0.025	40	16	49	M16	35
40	−0.041	40	+0.009	45	18	59		

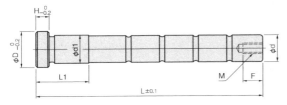

図2.43　リング油溝付きサポートピン
〔出典〕双葉電子工業㈱「ブルーブック」

(18) その他のモールドベース付属部品

その他のモールドベース付属部品としては以下の部品がある。

・(114) ガイドピン
・(109) ガイドブシュ
・(110) ガイドブシュ（サポートピン用：固定側型板）
・(111) ガイドブシュ（サポートピン用：ランナープレート）
・(115) リターンピン

(19) サポートピラーの設計（図2.44）

サポートピラーは、本例では段付きとした。突出し板（上）を組み込む際に、リターンピンに付属するコイルスプリングによって組込みが困難になったら、

第2章 3プレート構造金型の設計事例

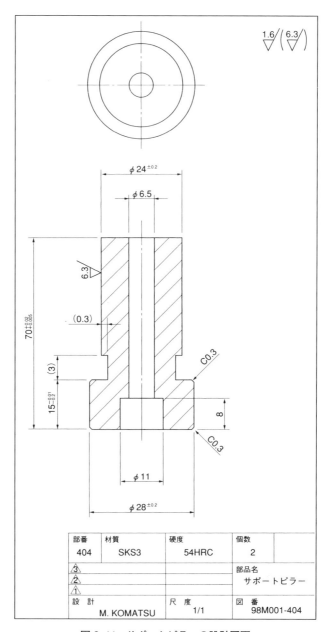

図2.44 サポートピラーの設計図面

サポートピラーを締め込むことで段付き部で突出し板（下）を抑えることができるので、平易に細い突出しピンを組み込むことができるようになる。材質はSKS3、硬度は54HRCとする。

(20) ロケートリングの選定

㈱ミスミ仕様で選定した。

(21) スプルーブシュの選定

㈱ミスミ仕様で選定した。

(22) ランナーロックピンの選定

㈱ミスミ仕様で選定した。

① ロック部形状の選定（図2.45）

ランナーをロックするためにピン先端部は意図的にアンダーカット形状とするが、樹脂の種類や第2ランナーの太さ、長さなどを考慮して形状を選定する。

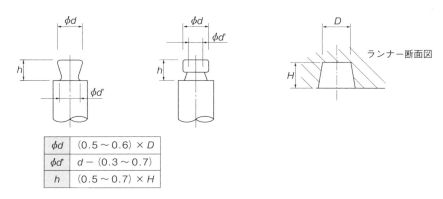

図2.45　ランナーロックピンの先端形状寸法の目安

② ランナーロックピンと第2ランナーの関係

図2.46に示すようにランナーロックピンの先端部が第2ランナーの内部まで入り込んでいると溶融樹脂の流路が狭くなり、樹脂の流れが悪くなる場合がある。

第2章 3プレート構造金型の設計事例

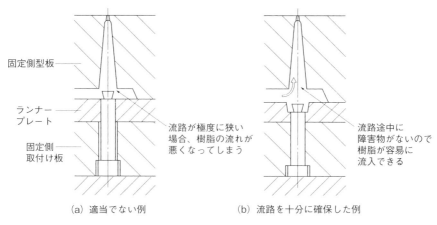

図2.46 ランナーロック部形状の適否

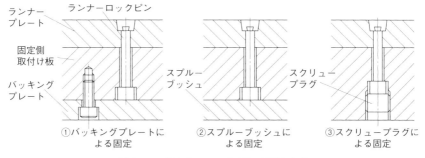

図2.47 ランナーロックピンの固定方式

③ ランナーロックピンの固定方法

図2.47に示すように何種類かの固定方法がある。本例ではスクリュープラグで固定する方法とした。

(23) ストップボルトの選定

㈱ミスミ仕様で選定した（図2.48）。長さ関係は、金型構造図面より抜き出す。

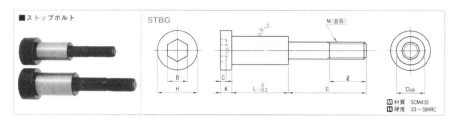

図 2.48　ストップボルト
〔出典〕㈱ミスミ「プラ型用標準部品カタログ」

(24) プラーボルトの選定

㈱ミスミ仕様で選定した（**図 2.49**）。長さ関係は金型構造図面より抜き出す。

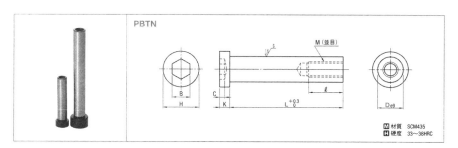

図 2.49　プラーボルト
〔出典〕㈱ミスミ「プラ型用標準部品カタログ」

(25) パーティングロックの選定

パーティングロックは、スプルー、ランナーを取り出す間に型板同士を一時固定させる役割をする部品である（**図 2.50**）。**表 2.4** に示す 4 種類が主に採用されている。

本例では樹脂ロックを採用し、㈱ミスミ仕様で選定した。

第 2 章　3 プレート構造金型の設計事例

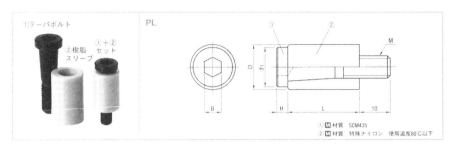

図 2.50　パーティングロック
〔出典〕㈱ミスミ「プラ型用標準部品カタログ」

表 2.4　各種パーティングロックの特徴比較

タイプ	型締め保持力	耐久性	価格	備考
樹脂ロック	○	△	◎	省スペース対応可
メカニカルロック	◎	○	△	確実な作動性
スプリングロック	◎	○	○	比較的高い保持力向け
マグネットロック	○	◎	○	取付けが容易

評価	
優	◎
良	○
可	△

(26) プッシャーピンの設計 (図 2.51)

プッシャーピンは、ランナーをランナープレートから弾き出すためのピンである (図 2.52)。コイルスプリングの力で作動させる。

① ピン先端部直径の決定

ピン先端部は $\phi 3_{-0.02}^{0}$ で設定した。溶融樹脂がクリアランスに入り込まず、かつ作動できるようにするためである。

② ピン全長の決定

$33_{-0.01}^{0}$ とマイナス側に設定した。＋にしてしまうと型締め時にプレートに隙間を生じてバリが発生するからである。

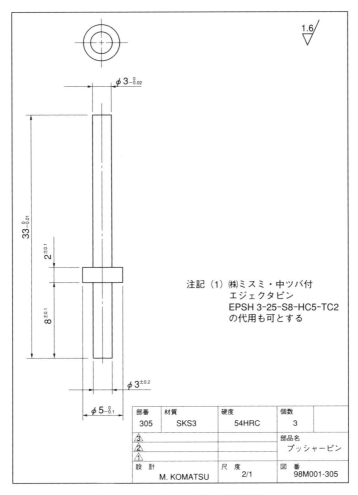

図2.51 プッシャーピンの設計図面

(27) 突出しピンの選定

㈱ミスミ仕様で選定した。材質はSKH051、硬度58から60HRCとした。

(28) リターンピン用コイルスプリングの選定

リターンピン用コイルスプリングは標準部品から選定を行う。本例では㈱ミスミ仕様で選定した。

第2章 3プレート構造金型の設計事例

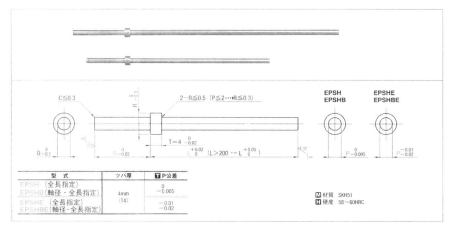

図2.52 プッシャーピン
〔出典〕㈱ミスミ「プラ型用標準部品カタログ」

選定する基本仕様は以下の項目がある。
・耐用荷重：N
・自然長：L
・最大たわみ量：F
・外径：D
・内径：d
・コイルの線径（断面形状）
・寿命：n

① 内径および外径の決定

リターンピン外径寸法はモールドベース仕様により$\phi 12$なので、内径は$\phi 13.5$を選定した。それにしたがって外形寸法も決定される。

② 耐用荷重の決定

突出し板（上）（下）を作動させ元の位置へ復帰させるのがリターンピンの役割である。復帰させるための所用力Pは次式で計算する。

$P > W/n1$ (kgf)

$W1$：突出し板（上）および（下）の重量（kgf）

— 160 —

$n1$：スプリングの本数

本例では以下のようになる。

　　　$W1 = 230 \times 110 \times (13 + 15) \times 7.86/10{,}000{,}000$

　　　　　$= 5.7\,(\text{kgf})$

　　$n1 = 4\,(本)$

　　$\therefore P > W1/n1$

　　　　$> 5.7/4$

　　　　$> 1.425\,(\text{kgf})$

カタログより本スプリングの耐用荷重は30 kgfなので十分使用に耐え得ると判断される。

③ 自然長および最大たわみ量の決定

自然長Lは、金型構造図面よりスプリングの組込み状態と作動状態を検討して決定する。まず、突出し板の作動ストロークSは、成形品の突出しに必要な長さ＋αにより決定する。今回は$S = 42\,\text{mm}$となる。

次いで、スプリング取付け用ザグリ穴の深さを5 mmとしているので。取付け時のスプリング長さは47 mmとなる。これに基づいて$L = 50\,\text{mm}$と仮定する。

続いて、スプリングの最大たわみ量Fはカタログより25 mmであることがわかる。成形品の突出しには5 mmあれば足りるので、Fが25 mmあれば十分であると判断される。したがって、$L = 50\,\text{mm}$の選定とする。

④ コイルの断面形状の決定

カタログの断面仕様を採用する。

⑤ 寿命

金型の設計想定型寿命は12万ショットであるが、カタログデータより支障ないと判断する。

(29) 丸線コイルスプリングの選定

丸線コイルスプリングは、プッシャーピンの作動に使用する。本例では㈱ミスミ仕様で選定した（**図2.53**）。

第2章 3プレート構造金型の設計事例

- 耐用荷重：$N = 0.27$ kgf（2.6N）
- 自然長：$L = 15$ mm
- 最大たわみ量：$F = 9$ mm
- 外径：$D = 5$ mm
- 内径：$d1 = 4.4$ mm
- コイルの線径（断面形状）：$d = 0.3$ mm

この仕様でWR5-15を選定した。

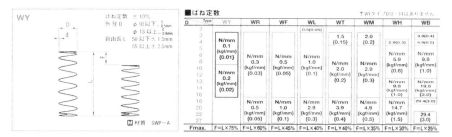

図2.53 丸線コイルスプリング
〔出典〕㈱ミスミ「プラ型用標準部品カタログ」

第3章
分割構造金型の設計事例

第3章　分割構造金型の設計事例

　分割構造金型は、精密電子部品や機械部品などの高付加価値成形品を成形するために多用されている構造である。金型をわざわざ分割して組み合わせることによりガスの排気効率を高め、充填圧力を低減させ、金型製作コストを低減させ、摩耗や破損による金型修理時間を短縮できる効果がある。分割構造金型を実現するためには精密金型設計の技術と機械工作技術の双方が必要になる。

　金型の製作方法は、「彫り型」と「割り型」に大別される。彫り型は刃物や電極で鋼材へ形状を彫り込んで作る方法で、割り型は分割された部品を組み合わせて形状を作る方法である。一見すると彫り型の方が金型製作コストが安い印象を受けるが、必ずしもそうではない。プラスチック成形品のコストは、金型のコストだけではなく、成形品の生産効率や品質不良率などを総合的に考慮して決まるものである。溶けた樹脂から発生するガスを効率的に排出できる金型構造でないと成形性は悪くなり、不良率も高くなりコストに跳ね返ってくる。そのような観点から分割構造金型は精密金型では多用されている。

3.1　分割構造金型の利点

① 成形品の寸法・形状精度の向上
　彫り型でコネクタのような細い部分の形状を鋼材へ機械加工しようとすると、刃物はびびり振動して安定した機械加工ができず、放電加工の場合には深い部分の形状加工が思うようにできない。分割構造にした場合、各部の形状は研削加工や切削加工で精度よく平易に加工できるので、それらを組み合わせると良好なコーナー部形状等を得ることができる。したがって、得られる成形品の寸法・形状精度も向上させることができる。

② アンダーカット部の処理
　パーティング面の開放のみでは成形品を取り出すことができない形状を「アンダーカット」と呼んでいる。アンダーカット部を金型で処理するためにはスライドコアなどの特殊構造やキスモールド（摺り合わせ、食い切りとも呼ぶ）

などの構造が必要になるが、これらも分割構造の一種といえる。

③ 機械加工コストの削減

狭く深い部分の機械加工では、切削加工よりも分割構造で組み合わせてキャビティを作るほうが機械加工コストを削減できる場合がある。

④ 磨き作業時間の削減

分割構造にすることによって、深い底付き穴などの細部などを磨く作業時間を大幅に短縮することができる。分割構造になっていれば研削加工で磨きを機械加工により行うことも可能になる。

⑤ エアベント機能

キャビティ内のエアやガスは、パーティング面以外からも排出することができる。分割構造にすれば、部品同士の合わせ面には微細な隙間が形成され、バリを出さずにエアやガスを排出させることができる。また、キャビティ内の圧力も低減させることができるので、成形品に残留応力を残さない方向に作用する。

⑥ メンテナンスの効率化

射出成形加工の量産中に金型の一部が破損したり、摩耗したりした場合に、一体で金型を作ってしまっていた場合には修正が難しく、溶接補修だと成形品の表面にむらが発生したりするので、新規に部品を全て作り直さねばならない。分割構造金型であれば破損した部品のみを交換すれば対応が可能で、あらかじめ摩耗などが予測される部分は最初からスペアパーツを作っておいて交換修理が迅速にできるように準備することができる。

3.2 初期検討

第3章では「コネクタ・PBTガラス繊維30％入り・1個取り・2プレート構造・トンネルゲート方式」のケーススタディを行う（図3.1）。

（1）斜視図のラフスケッチ―立体形状の理解

コネクタの斜視図をラフスケッチし、断面形状などについても立体図を描い

第3章 分割構造金型の設計事例

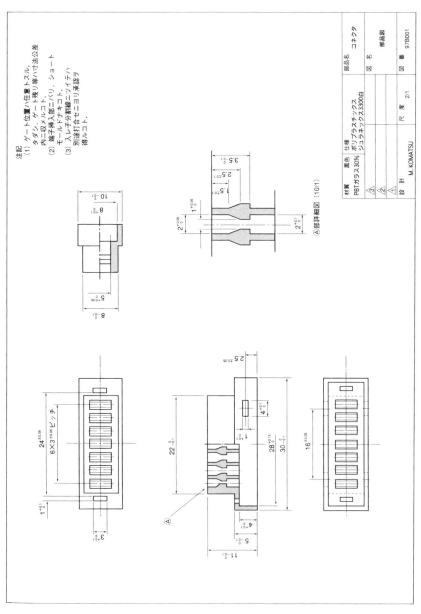

図3.1 コネクタの設計図面

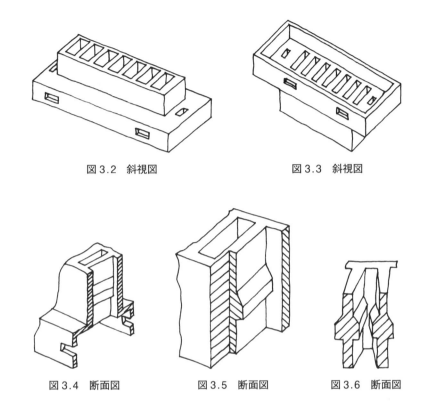

図 3.2　斜視図　　　　図 3.3　斜視図

図 3.4　断面図　　図 3.5　断面図　　図 3.6　断面図

て成形品の形状を把握する（**図 3.2〜図 3.6**）。

(2) 標題欄のチェック

標題欄の中で、材質と仕様についてチェックする。材質は「PBT」（ポリブチレンテレフタレート）というエンジニアリングプラスチックである。PBTは、コネクタ、スイッチ、OA 機器部品などに多用されている。

また、本例は「ガラス 30％」と記載されている。これは微細なガラス繊維を 30％混ぜた材料であることを意味している。ガラス繊維を混ぜることによって強度や耐熱性が向上する。ガラスが含まれている場合と含まれない場合では成形収縮率や流動性が大きく変わりるので注意が必要である。

仕様は、以下のように記載されている。

第3章　分割構造金型の設計事例

- ポリプラスチックス：製造企業名
- ジュラネックス：商標名
- 3300：樹脂グレード番号
- 白：樹脂の色彩

（3）注記のチェック

「入レ子分割線ニツィテハ別途打合セニヨリ承認ヲ得ルコト」

　分割構造で金型を製作する場合には、分割した場所に「分割線」が発生する。分割線は凸になっていたり、肉眼で線が見えてしまう。成形品の機能によっては分割線があってはいけない場所もあるので、予め成形品の設計者に承認を得る必要がある。

（4）必要型締め力の検討

　本例での必要型締め力 F は、キャビティ内圧力 $p = 500 \text{ kgf/cm}^2$、投影面積 $A = 4 \text{ cm}^2$ と仮定すると、$F = 2 \text{ tf}$ となるので、型締め力 2 tf 以上の成形機を選定する。

（5）必要射出体積の検討

　本例では、成形品とスプルーの体積は約 2.8 cm^3 と見積もるので（**図 3.7**）、その 2 倍程度の 5.6 cm^3 程度の射出容量をもつ成形機を選定する。

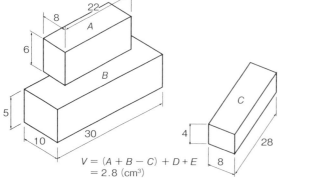
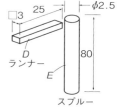

図 3.7　必要射出体積 V の概算

3.3 成形品基本図設計

図3.8に本例の成形品基本図を示す。

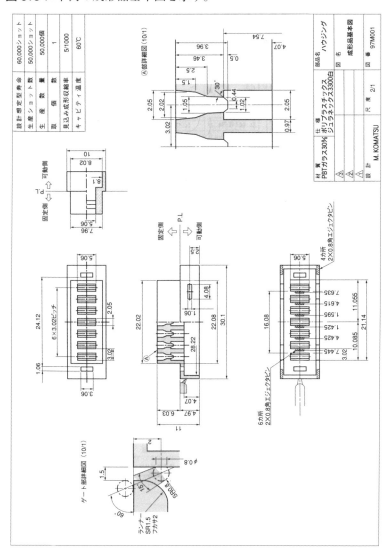

図3.8 コネクタの成形品基本図面

第3章 分割構造金型の設計事例

（1）成形材料の特性を把握する

成形材料はPBTガラス繊維30%入りであるが、さらに詳しい特徴を把握する。**表3.1**に特性、**表3.2**に主な用途、**表3.3**に主な物性値を示す。

表3.1　PBTの特徴

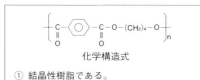

化学構造式

① 結晶性樹脂である。
② 強度が良好。
③ 耐疲労性良好。
④ 耐熱性良好。
⑤ 耐摩耗性良好、自己潤滑性あり。
⑥ 耐アルカリ性は劣る。
⑦ ガラス繊維などで強化が可能。

表3.2　PBTの主な用途

産業分野	主な用途例
自動車	リヤエンド フロントフェンダー ベゼル キャブレター 安全ベルト
機構部品	ギヤ カム 軸受 時計ケース OA機器部品 ミシン部品
電気・電子部品	電動工具部品 コネクタ コイルボビン バルブ スイッチ
日用品	建材、コンテナ

表3.3　PBTの主な物性値（代表的なもの）

物性		ナチュラルグレード	ガラス繊維30%入り	備考
成形収縮率	%	1.5〜2.0	∥ 0.36〜0.46 ⊥ 0.99〜1.29	∥ゲート方向 ⊥ゲート直角方向
比重	−	1.31〜1.38	1.53	JIS K 6911 K 7112
引張り強さ	kgf/cm²	550〜640	1100〜1350	JIS K 6911 K 7113
引張り伸び	%	50〜300	2〜4	
曲げ強さ	kgf/cm²	605〜1020	1270〜2150	JIS K 7203
アイゾット衝撃値	kgf・cm/cm	4.4〜5.4	7.0〜9.5	JIS K 7110 K 7111
硬度	HRM	68〜78	90	JIS K 7202
荷重たわみ温度	℃	49.8〜85	220	JIS K 7206 7207

条件		ナチュラルグレード	ガラス繊維30%入り
乾燥温度	℃	120	120
乾燥時間	hr	4	4
シリンダ温度	℃	230〜280	230〜280
射出圧力	kgf/cm²	560〜1800	560〜1800
金型温度	℃	40〜80	40〜80

成形収縮率は、ガラス30％入りの場合、ガラス繊維が流動時に揃ってしまう繊維配向という現象が起きるため、流動方向で0.36〜0.46％、流動と直角方向で0.99〜1.29％と異なる成形収縮率となっている。PBTは結晶性樹脂のため、成形収縮率は大きく、しかもガラス入りの場合には繊維配向が起るため、成形収縮率を予測するのは難しい。

（2）充填可否の検討

　本例ではゲートをトンネルゲート構造とし、1カ所から充填することとした（図3.9）。最大流動長は40.5 mm あるが、PBTガラス繊維30％入りの場合の L/t は、充填圧力1,000 kgf/cm^2、厚さ1 mmの場合、最大流動長は110〜130 mm あるので十分に流動できると考えられる。

　コネクタの場合、極度に肉厚が薄い部分があったりするので、そのような場合には L/t だけで判断せずに試作金型での流動状況の検証などを行って具体的な確認をする。

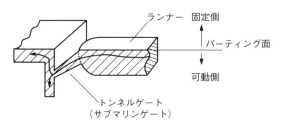

図3.9　トンネルゲート（サブマリンゲート）

（3）金型寸法の決定

　本例では、成形収縮率 α をキャビティ表面温度60℃で $\alpha = 0.5\%$（均等収縮）と想定して金型寸法を計算した。

（4）パーティング面の決定

　パーティング面は、図3.10に示すB案とした。コネクタ外形に分割線が入らず、固定側からの離型も問題ないと判断した。

第3章 分割構造金型の設計事例

	パーティング面の位置	できあがった成形品	評 価
A案	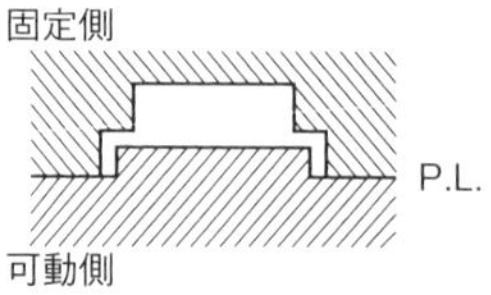 固定側／可動側 P.L.	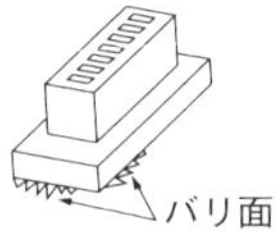 バリ面	× 固定側よりの離型に問題があるおそれが大きい。
B案	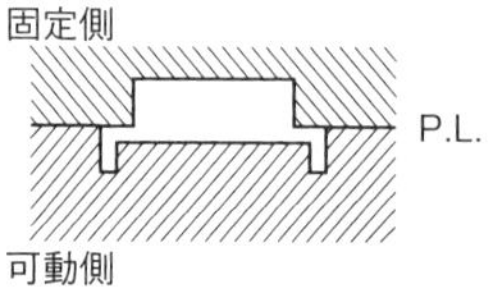 固定側／可動側 P.L.	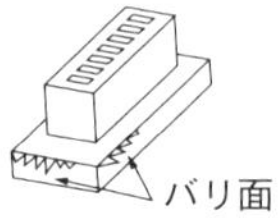 バリ面	○ 外形に分割線が入らない。固定側よりの離型も問題ない。
C案	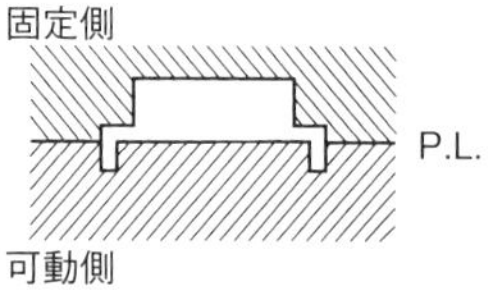 固定側／可動側 P.L.	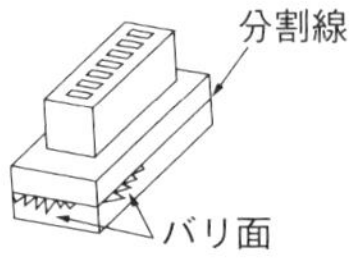 分割線／バリ面	× 外形に分割線が入る。固定側よりの離型に問題があるおそれがある。金型の加工費がかさむ。

図3.10 パーティング面の決定

（5）抜き勾配の設定：固定側

本例では、コネクタの固定側彫込み外周と各穴のピン内面に抜き勾配を設けている。抜き勾配を大きくしすぎると成形品の寸法公差から外れてしまう可能性があるので、留意する。

（6）抜き勾配の設定：可動側

本例では可動側には特に抜き勾配は設定していない。

（7）突出しピンの配置

突出しピンは、本例では「角突出しピン」を採用した。コアは分割されているので、分割された角穴に突出しピンを配置するほうが金型構造的にも安定していて、機械加工コストも削減できる（図3.11）。

（8）ランナー、ゲート形状の決定

本例ではトンネルゲート（サブマリンゲート）を採用する。トンネルゲートは可動側へ配置した。可動側のトンネルゲートは、成形品とランナーを突出す

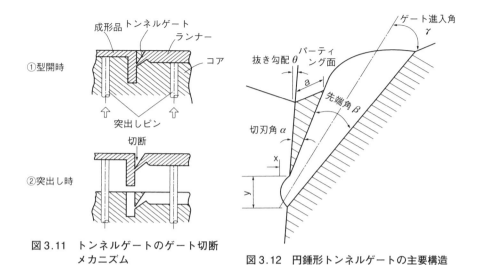

図3.11　トンネルゲートのゲート切断メカニズム

図3.12　円錐形トンネルゲートの主要構造

際にゲートの先端部の細い部分が切断されるのでゲートカットの手間とコストを削減できる。ゲートの先端形状は一般的には楕円形状になるので、楕円の短軸長さ X、長軸長さ Y を決定する。成形品の大きさ、樹脂の流動性などを考慮して、X、Y は 0.3 ～ 1.5 mm 程度の範囲で決定する。

切刃角 α は小さいほどゲートの切れ味は良くなるが、摩耗により先端部が傷みやすくなる。ゲートランド長さ a は、充填圧力により破壊しないように 0.8 ～ 1.5 以上は確保する。ゲート先端角 β は 10 ～ 20°程度にする。ゲートの進入角度 γ は 45 ～ 60°が目安である（**図3.12**）。

本例では上記の範囲で設計し、ゲートの先端部は切れ味をさらに改善できる球状ゲートとした。

（9）生産ショット数の記入

本例では生産ショット数は 50,000 個とする。1 個取りなので 50,000 個／1 個取りで、成形ショット数は 50,000 ショットとなる。

20％程度増の 60,000 ショットを設計想定金型寿命とする。

第 3 章　分割構造金型の設計事例

3.4　金型構造設計

（1）成形機の金型取付け仕様の確認

　成形機の金型取付け仕様は、第 1 章の成形機と同じ日精樹脂工業㈱電気式高性能射出成形機 NEX50 Ⅲ を使用する。したがって以下の仕様を満足するように金型を設計する必要がある。

① タイバー間隔の確認

可動側も固定側も 360 mm × 360 mm となっている。

② 最小型厚の確認

170 mm となっている。

③ 型開閉ストロークの確認

250 mm となっている。

④ 型締め力の確認

50 tf となっている。

⑤ 理論射出容量の確認

23 cm^3（スクリュー直径 ϕ19 mm の場合）となっている。

⑥ ロケートリング直径の確認

ϕ100 mm となっている。

⑦ ノズル先端形状の確認

SR10 mm、先端径 ϕ2 mm となっている。

⑧ 取付け可能金型の最大型厚 T

　　$T =$（最小型厚）+（型開閉ストローク）$- S$

　　　S：パーティング面ストローク

本例では、以下のようになる。

　　$T = 150 + 210 - 50$

　　　$= 310$（mm）

よって、取付け可能な金型の外形寸法は以下の通りとなる。

・$X-Y$ 寸法：255 mm 以下 × 255 mm 以下
・型厚寸法：150 mm 以上 310 mm 以下

（2）キャビティ配置の検討

トンネルゲートで1個取りなので、平面レイアウトはモールドベースの中心に対して天地左右方向のいずれか1方向にキャビティの中心が来るように配置するようになる。

本例では、スプルーの地（下）方向にキャビティを配置した。本例では後述するスライドコアが両側に開閉する金型構造となるので、スライドコアは天地方向ではなく左右方向へ配置するようにしたためである。スライドコアを天地方向へ配置してしまうと、天側のスライドコアは自重で落下してしまうのを避けるためである。

（3）キャビティサイズの決定

キャビティの外形寸法は、第5章の技術資料〔長方形キャビティ側壁の必要肉厚の計算方法（底面分割の場合）〕を参照して強度計算によりキャビティ側壁の必要肉厚を計算して求める。計算結果にさらに、取付けねじ穴の設置代、冷却水孔の設置代などを加えて、きりのよい寸法となるように決定する。

（4）モールドベースの選択

モールドベースは双葉電子工業㈱の仕様から選定した。第1章のケーススタディでも採用した2プレート構造金型のモールドベース「SCシリーズ」から選定した。

最終的には以下の仕様を選定した。

「MDC－SC－1825－60－60－50－S－M」

（5）平面レイアウトの決定

キャビティの平面レイアウトを検討する。キャビティのセンター位置は、金型センターより地側へ40 mm ずれた位置とした。キャビティ、コアの形状は、成形品基本図を反転させて金型構造図面に反映することを忘れないで必ず確認する。

固定側も可動側も分割構造を採用し、分割された部品は、外側にフレームブ

第 3 章　分割構造金型の設計事例

ロック構造を配置して組み付けできるようにした。また、スライドコアがあるので、それに対応する部品は左右方向へ配置した。スライドコアのアンダーカット部の深さは、成形品基本図より 0.95 mm となっているので、スライドコアの移動量はこれよりも大きく設定しなければならない。本例では 5.3 mm とした。

細いコアピンはツバ止め構造とし、バッキングプレートで固定する。

図 3.13 に示すように成形品の角穴部を形成するコアピンは、摺り合わせ面と突当て面を設けて、面同士が精密に接触して溶融樹脂の進入を防いでバリの発生を抑止する構造とした。

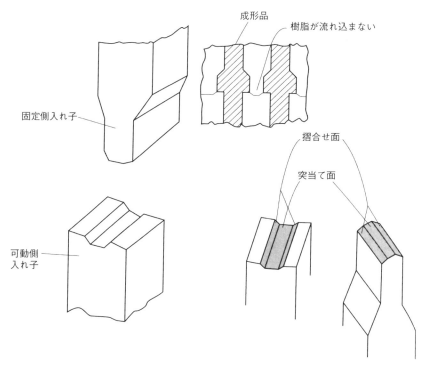

図 3.13　角穴部の入れ子構造

(6) 冷却水孔の設定

冷却水孔はφ8.5 mm とし、2本を天地方向から配置した。冷却水孔の配置できるスペースは狭くなりがちなので、型板のサイズを決める場合には冷却水の配置も考慮して多少幅広くすることも必要になる。

(7) サポートピラー配置の検討

可動側型板が充填圧力によりたわむのを阻止するためにサポートピラーを配置する。本例ではφ24 mm のサポートピラーを2本配置した。

(8) スプルーロックピンの配置

可動側型板のセンター部にスプルーを可動側へ引っ張るためのスプルーロックピンを配置する。突出しピンの先端形状Z形状とした設計とした。

(9) 突出しピンの配置

成形品基本図の突出しピン配置に基づいて可動側に配置する。冷却水孔と干渉しないように確認する。

(10) スプルーブシュの配置

標準部品から選定し、ランナープレートとの摺動部はテーパ合わせとし、M5ボルト×2本で固定する。スプルーの抜きテーパは2°とし、離型しやすく設定した。

(11) ロケートリングの配置

標準部品から選定し、配置した。

(12) 叩き穴の配置

キャビティ、コアを型板から取り外すための作業穴を4カ所設けた。

(13) インナーガイドの検討

本例では設けないことにした。

(14) エジェクタガイドシステムの検討

本例では採用を見送った。

本例の金型構造図を図3.14、図3.15、図3.16、図3.17に、部品表を表3.4に示す。

第3章 分割構造金型の設計事例

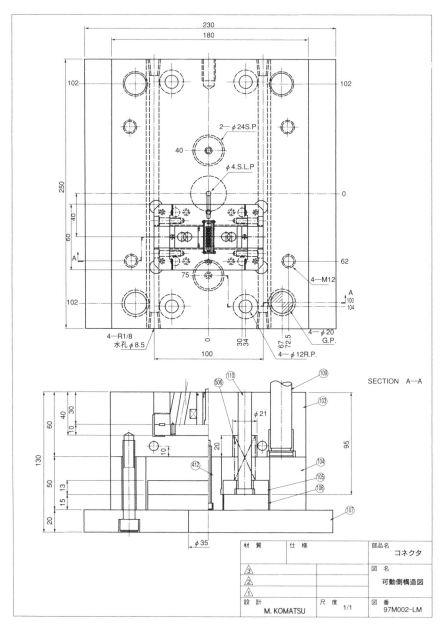

図3.14 コネクタの金型構造図面（可動側）

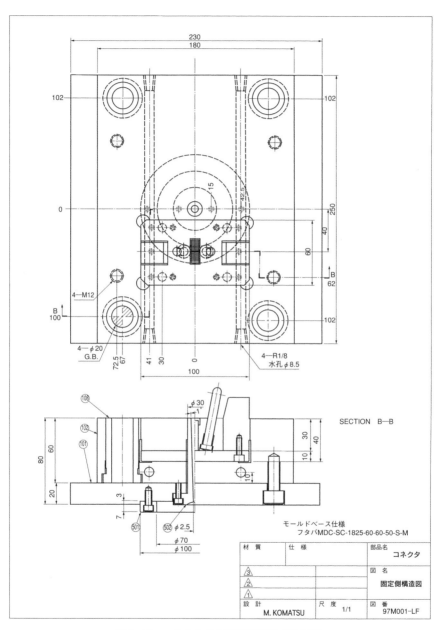

図3.15 コネクタの金型構造図面（固定側）

第3章 分割構造金型の設計事例

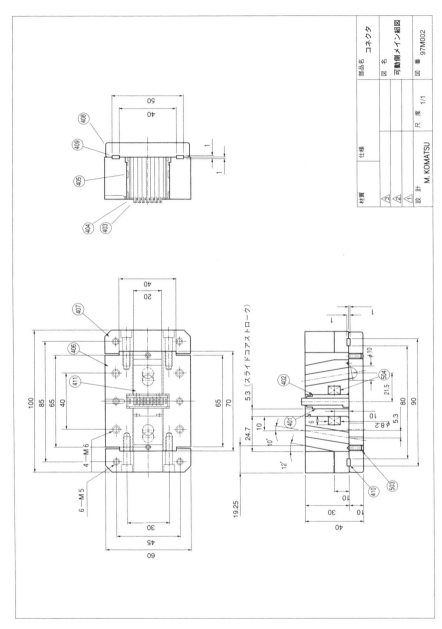

図3.16 コネクタの金型構造図面（可動側詳細）

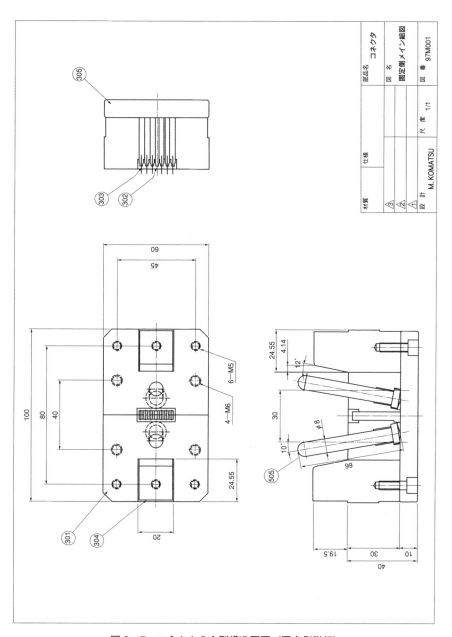

図 3.17 コネクタの金型構造図面（固定側詳細）

第3章　分割構造金型の設計事例

表3.4　図3.14～図3.17の部品表

分類	部番	部　品　名	個数	購入先	備　考
モールドベース関連	101	固定側取付け板	1	フタバ	MDC-SC-1825-60-60-50-S-M
	102	固定側型板	1	フタバ	
	103	可動側型板	1	フタバ	
	104	スペーサブロック	2	フタバ	
	105	突出し板（上）	1	フタバ	
	106	突出し板（下）	1	フタバ	
	107	可動側取付け板	1	フタバ	
	108	ガイドブッシュ	4	フタバ	
	109	ガイドピン	4	フタバ	
	110	リターンピン	4	フタバ	
固定側入れ子	301	固定側入れ子A	2		
	302	固定側入れ子B	1		
	303	固定側入れ子C	計6		
	304	ロッキングブロック	2		
	305	固定側バッキングプレート	1		
可動側入れ子	401	可動側入れ子A	1		
	402	可動側入れ子B	1		
	403	可動側入れ子C	計7		
	404	可動側入れ子D	2		
	405	キーA	2		
	406	可動側フレームブロックA	2		
	407	可動側フレームブロックB	2		
	408	可動側バッキングプレート	1		
	409	キーB	2		
	410	キーC	2		
	411	スライドコア	2		
	412	サポートピン	2		
標準部品	501	ロケートリング	1	ミスミ	LRBS100-10
	502	スプルーブッシュ	1	ミスミ	SBBK13-L70-SR11-P2.5-A2-LKC
	503	ボールプランジャ	2	ミスミ	BPJ 4
	504	丸線コイルスプリング	2	ミスミ	WF8-10
	505	アンギュラピン	2	ミスミ	AP8-62-N0-A10
	506	リターンピン用コイルスプリング	4	ミスミ	SWR21-45
突出しピン	801	精級角エジェクタピン	4	ミスミ	ERVL 2-5-90.03-P2.0-W0.8-N50-AWC0
	802	精級角エジェクタピン	6	ミスミ	ERVL 2-5-94.1-P2.0-W0.8-N50-AWC0
	803	スプルーロックピン	1	ミスミ	EPH5A 4-94.5-V2.5-F82-G15°-AWC0
電極	901	電極	2		
	902	電極	2		

3.5 部品図設計

固定側取付板、固定側型板、可動側型板、突出し板(上)、突出し板(下)、スペーサブロック、可動側取付け板は第1章と同様に設計した。サポートピラーは第2章と同様に設計した。

(1) 固定側入れ子Aの設計(図3.18)

固定側入れ子Aは、固定側の中心的な部品になる。

① 外形寸法の決定

金型構造図面より抜き出す。寸法公差はシビアに設定し、$60_{-0.005}^{\;\;\;0}$、$50_{-0.003}^{\;\;\;0}$とした。分割構造金型では多数の部品を組み合わせるので、公差の累積によって

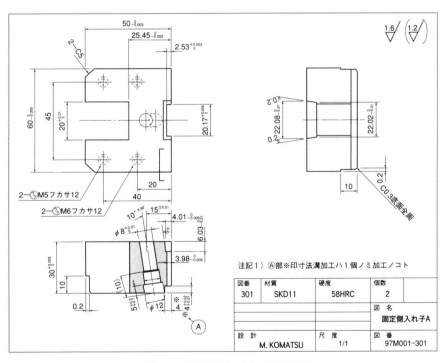

図3.18 固定側入れ子Aの設計図面

第3章　分割構造金型の設計事例

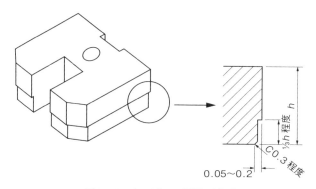

図3.19　キャビティ周囲の逃げ

組込みができなくなる危険があり、部品1点ごとの寸法公差は0.001 mmレベルで検討するようにする。

高さ方向は $30^{+0.005}_{0}$ と＋方向で設定する。

② 外周逃げの設定

逃げ深さ0.2、底面より高さ10 mmとし、底面コーナー全周にc0.3を設ける（図3.19）。

③ 成形品形状部の設定

$22.08^{0}_{-0.01}$、$4.01^{0}_{-0.005}$ のように金型修正を可能なように－方向で公差設定する。

（302）入れ子が組み合わせられる角穴部は $20.17^{+0.005}_{0}$、$2.53^{+0.002}_{0}$ とシビアに設定する。ツバ部をはめ込む底面の溝高さは $4^{+0.02}_{+0.01}$ と＋側に設定する。

④ ロッキングブロック取付け部の設定

$20^{+0.01}_{0}$、$25.45^{0}_{-0.005}$ に設定する。

⑤ アンギュラピン取付け穴の設定

$10°^{±30'}$の角度で $\phi 8^{+0.01}_{0}$ の穴を設定する。穴の裏面には$\phi 8.3$で逃げを深さ10 mmで設定する。アンギュラピンのツバを固定する穴は、$\phi 12$、深さ $5^{+0.3}_{+0.1}$ とゆとりをもたせる。

⑥ 取付けねじの設定

バッキングプレート締結用に M5 × 2 本、型板締結用に M6 × 2 本設定する。
⑦ 材質、硬度の決定
SKD11（合金工具鋼。冷間ダイス鋼）、58HRC とし、焼入れ、焼戻しを行う。
（2）固定側入れ子 B、C の設計（図 3.20）
① 外形寸法の決定
外形寸法は金型構造図面より抜き出す。幅寸法は $2.05_{-0.002}^{\ 0}$ のようにシビアに設定する。7 本の入れ子を組み立てる場合に公差の累積によって組込みがで

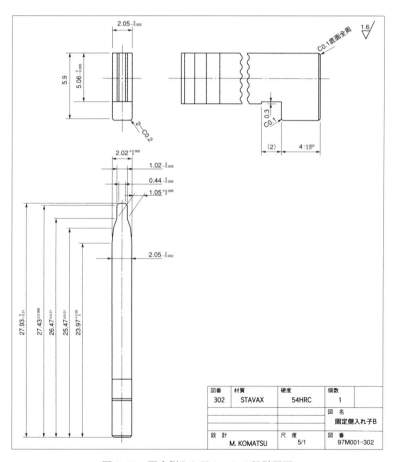

図 3.20　固定側入れ子 B、C の設計図面

第 3 章　分割構造金型の設計事例

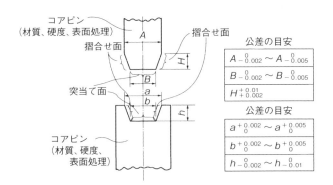

図 3.21　摺合せ・突当て構造

きなくなる可能性があり、逆にクリアランスが大きくなりすぎてバリが発生してしまう危険もある（**図 3.21**）。

② 材質、硬度の決定

コネクタのコアピン（入れ子）は、薄くて細長い形状が特徴である。しかも他の部品と摺り合わせや突当てなどが多く、樹脂の充填圧力や金型開閉時の外力によって破損や摩耗が頻発する。そこで、折れにくく摩耗しにくいステンレス系のSTAVAX〔ボーラー・ウッデホルム㈱製〕を採用する。硬度は54HRCとして指定の焼入れ、焼戻しをする。場合によっては、さらに強靭さを増すためにサブゼロ処理やスーパーサブゼロ処理も行う。

（3）ロッキングブロックの設計（**図 3.22**）

① 外形寸法の決定

外形寸法は $24.55_{-0.005}^{\ \ \ 0}$、$20_{-0.01}^{\ \ \ 0}$ と－側で設定する。ロッキング角度は $12°^{\pm 0.01}$ とシビアに設定する。スライドコアに最初に接触するコーナー部にはR2を設けて滑らかに作動できるようにする。

② 材質の決定

スライドコアと同じSKD11、58HRCとした。

（4）固定側バッキングプレートの設計（**図 3.23**）

外形寸法は 98×58 と入れ子外形寸法より片側1mmずつ小さく設定した。

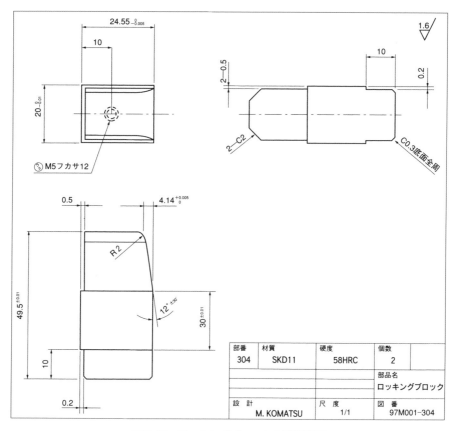

図 3.22 ロッキングブロックの設計図面

板厚は $10^{+0.01}_{0}$ と+側に設定した。材質は SKS3、54HRC とした。

(5) 可動側入れ子 A、B の設計（図 3.24、図 3.25）

可動側入れ子 A と B は組み合わせて、中に可動側入れ子 C を 7 本抱き込む構造になっている。

① 外形寸法の決定

外形寸法は 0.005 mm レベルの寸法公差で各部を設定する。

② 角穴寸法の決定

第3章　分割構造金型の設計事例

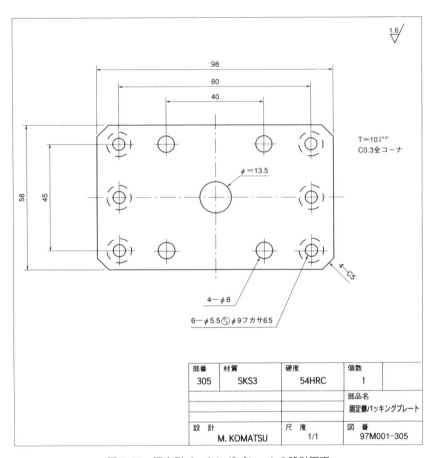

図3.23　固定側バッキングプレートの設計図面

可動側入れ子Dが挿入される穴で、ワイヤ放電加工される。角穴の裏面には逃げを設ける。細いコアピンをスムーズに挿入するために逃げは大変重要である。

③ 角突出しピン挿入穴の設定

角突出しピンを挿入する穴の裏面には5°の逃げを斜面で設ける。角突出しピンを組み込む場合には、このような逃げがあるとないでは作業効率に大きな

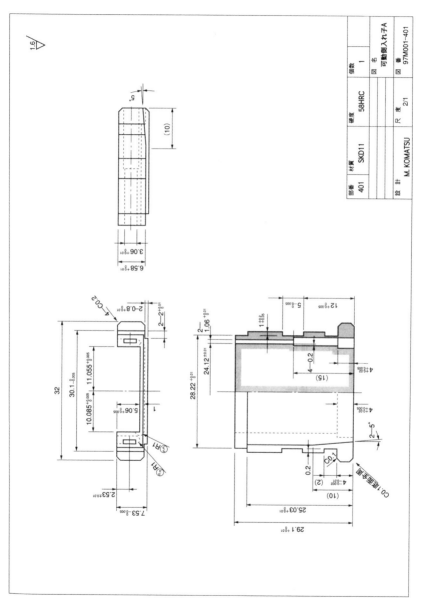

図3.24 可動側入れ子Aの設計図面

第3章 分割構造金型の設計事例

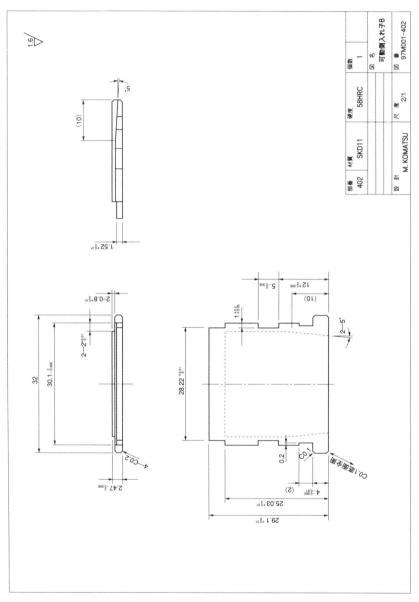

図3.25 可動側入れ子Bの設計図面

差が現れる。

④ キー溝の設定

入れ子同士を固定するためのキー溝の溝幅は $5_{-0.005}^{\ 0}$ と－側に設定した。キーの幅寸法は $5_{\ 0}^{+0.002}$ と＋側に設定しているので、キーは叩き込んで組み立てるようにする。キーによりしっかりと複数の部品を固定するためである。

⑤ 材質、硬度の決定

SKD11、58HRC とした。

（6）可動側入れ子Ｃの設計（図 3.26）

① 外形寸法の決定

コネクタ端子穴を形成するコアピンである。幅寸法は、$3.02_{-0.002}^{\ 0}$ とシビアに設定する。7本のコアピンを組み込んだ際の累積公差による不都合を避けるためである。

② 材質、硬度の決定

STAVAX、54HRC とした。

（7）可動側入れ子Ｄの設計（図 3.27）

可動側入れ子Ｄは、コネクタの左右2カ所の窓を形成するピンである。

① 外形寸法の決定

$1.06_{-0.01}^{\ 0} \times 3.06_{-0.01}^{\ 0}$ とワイヤ放電加工された角穴に挿入できる公差に設定する。

ツバ部根本には逃げを設けなかった。コアピンが薄すぎるために逃げ部から折れてしまうのを避けるためである。

② 材質、硬度の決定

STAVAX、54HRC とした。

（8）キーＡの設計（図 3.28）

キーＡは可動側入れ子ＡとＢを組み付けるためのキーである。厚さは $1_{-0.07}^{-0.02}$ と－側にしてキーを組み込んだ時に表面から凸にならないようにする。幅は $5_{\ 0}^{+0.002}$ と、しまりばめに公差を設定し、キーが溝から外れないようにする。材質はSKS3、54HRC とした。

第3章　分割構造金型の設計事例

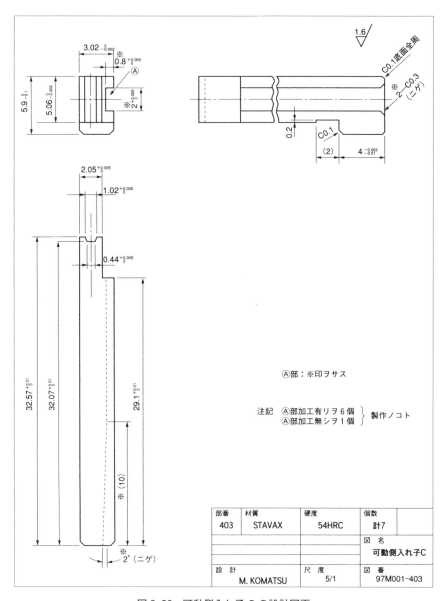

図3.26　可動側入れ子Cの設計図面

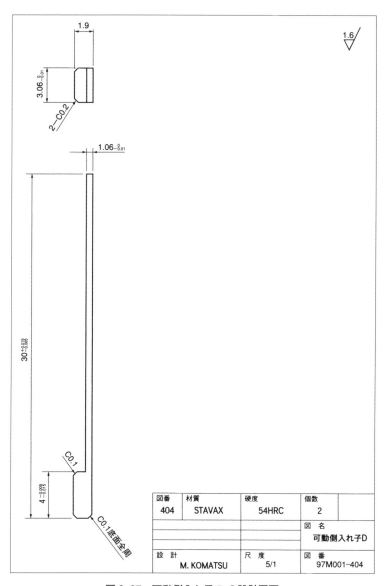

図3.27 可動側入れ子Dの設計図面

第3章　分割構造金型の設計事例

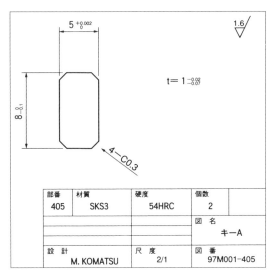

図3.28　キーAの設計図面

(9) 可動側フレームブロックAの設計（図3.29）

可動側フレームブロックAは、可動側の中心的な部品になる。

① 外形寸法の決定

金型構造図面より抜き出す。寸法公差はシビアに設定し、$70_{-0.005}^{\ 0}$、$19.92_{-0.005}^{\ 0}$ とした。高さ方向は $30_{\ 0}^{+0.005}$ と+方向で設定する。

② ゲート形状の決定

球状トンネルゲート形状とし、電極による形彫り放電加工で加工する。ゲート穴内面はゲートが離型しやすいように鏡面仕上げにする。

③ 取付けねじの設定

フレームブロックB、バッキングプレート締結用に設定する。

④ 材質、硬度の決定

SKD11（合金工具鋼。冷間ダイス鋼）、58HRCとし、焼入れ、焼戻しを行う。トンネルゲート部の磨耗を防止するために硬度の高い鋼材を選定した。

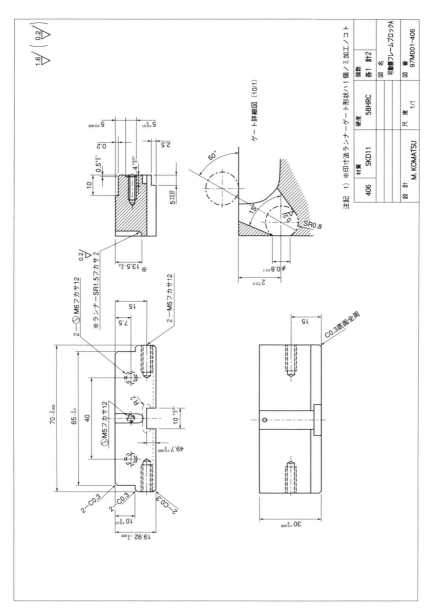

図 3.29 可動側フレームブロック A の設計図面

(10) 可動側フレームブロック B の設計（図 3.30）

① 外形寸法の決定

金型構造図面より抜き出す。

② ロッキングブロック逃げの設定

$20^{+0.5}_{0}$、10 と余裕をもった寸法に設定する。溝の底面コーナー部には R2 と大きな R を設けて、部品が応力集中により破壊しにくいデザインとする。

③ 材質、硬度の決定

SKS3、54HRC とする。

(11) 可動側バッキングプレートの設計（図 3.31）

① 外形寸法の決定

固定側バッキッグプレートと同じ考え方をする。

② 突出しピン取付け穴の設定

突出しピンは角ピンを使用するが、バッキングプレートでは角突出しピンの円筒部が組み込まれるので、丸穴を設定する。丸穴の直径は $\phi 2.8$ と角突出しピン直径 $\phi 2.5$ より 0.3 だけ大きくする。あまり大きな穴にしてしまうと、穴同士がぶつかって破れてしまったり、細いコアピンが落下してしまう危険がある。

③ アンギュラピン逃げの設定

$\phi 10$ で 2 カ所設定する。

④ キー溝の設定

フレームブロックを固定するための溝である。

⑤ ボルト穴の設定

フレームブロック、可動側型板との締結用の穴である。

⑥ ボールプランジャ取付けねじの設定

M4 で 1 カ所設定する。

⑦ 材質、硬度の決定

SKS3、54HRC とする。

(12) キー B、C の設計（図 3.32）

キー B、キー C は、可動側フレームブロック A、B と可動側バッキングプレー

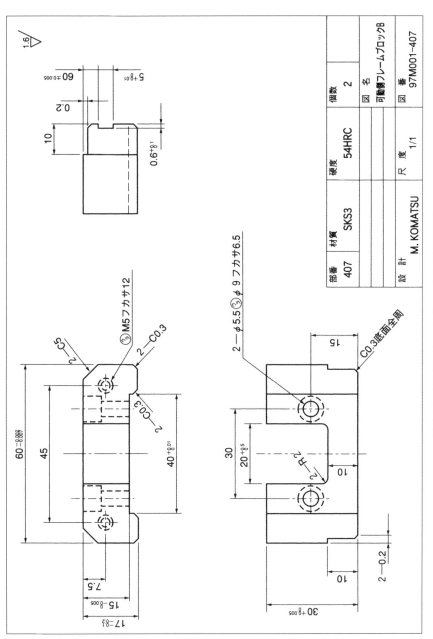

図 3.30 可動側フレームブロック B の設計図面

第3章 分割構造金型の設計事例

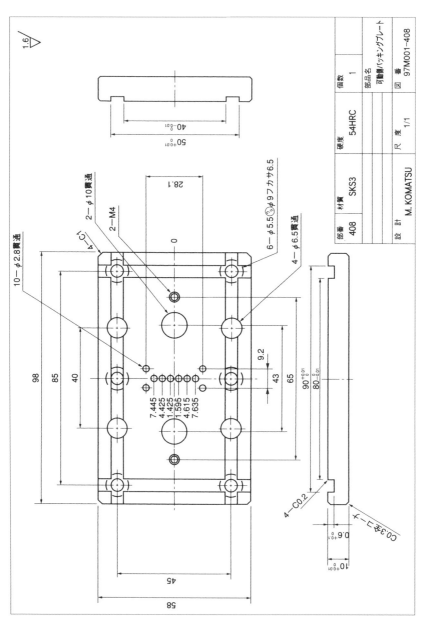

図3.31 可動側バッキングプレートの設計図面

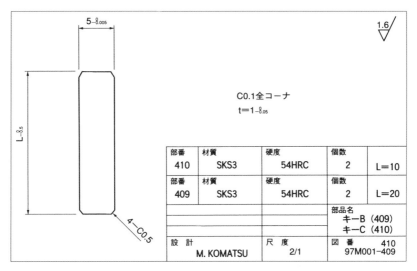

図 3.32 キー B、C の設計図面

トを位置決めするためのキーである。これらのキーはキー A と異なり、キー幅は、$5 _{-0.005}^{\ 0}$ と − 側に設定した。キーを組み込んでフレームブロックを位置決めするためにはクリアランスが必要となるからである。材質は SKS3、54HRC とした。

(13) スライドコアの設計（図 3.33）

スライドコアは、成形品のアンダーカット形状が機械加工された部品である。固定側から飛び出しているアンギュラピンによって金型の開閉時に左右へスライドする。本例ではコネクタの側面に角窓形状を形成させる。

① 外形寸法の決定

スライドする幅寸法は $20.16 _{-0.01}^{-0.002}$ と − 側に設定し、スライドするクリアランスを確保する。一方、角窓の突当て面は、$25.65 _{+0.01}^{+0.02}$ と + させてバリがでないように接触できるようにする。

ロッキング部は角度 $12°^{\pm 30'}$ とシビアに設定する。アンギュラピンの進入角度は 10° だが、ロッキング角度は 12° と + 2° 大きくしておく。これはロッキン

第3章　分割構造金型の設計事例

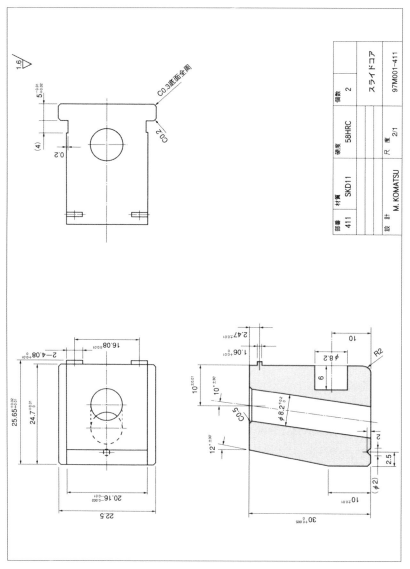

図3.33　スライドコアの設計図面

グを十分に作動させるようにするためである。

②アンギュラピンガイド穴の設定

センターピッチは $10^{\pm 0.01}$ とシビアにし、角度も $10°^{\pm 30'}$ とシビアにするが、貫通穴直径は $\phi 8.2^{+0.2}_{0}$ と十分なクリアランスを確保する（アンギュラピン直径は $\phi 8$）。また、穴の入り口には C0.5 を設け、アンギュラピンが入りやすくする。

③角窓部寸法の決定

$4.08^{+0.01}_{0}$、$1.06^{+0.01}_{0}$ と金型修正ができる方向に＋側で公差設定する。

④スプリング格納穴の設定

スライドコアを強制的に元の位置へ復帰させる丸線コイルスプリングの取付け穴を設ける。

⑤ボールプランジャ位置決め穴の設定

スライドコアが移動した際に位置決めをするボールプランジャ先端部が入る穴を円錐形状で1カ所設ける。

⑥摺動部 R

スライドコア全面の底部に R2 を設け、スライドしやすくする。

⑦材質、硬度の決定

SKD11、58HRC とした。

⑧スライドコアの分割構造の決定

スライドコアの分割構造は、**図 3.34** に示すようにいくつかの分割構造が考えられる。分割する位置によってコネクタに発生するバリの方向が変わる。成形品の機能によってバリが発生してはいけない方向があるので、その内容を考慮して分割位置は決定する。

(14) 電極の設計（図 3.35、図 3.36）

本例では、(901)、(902) の電極を設計する。(901) は (406) 可動側フレームブロックＡのトンネルゲート加工用電極、(902) は (301) 固定側入れ子Ａのメイン彫込み形状加工用電極になる。

第3章　分割構造金型の設計事例

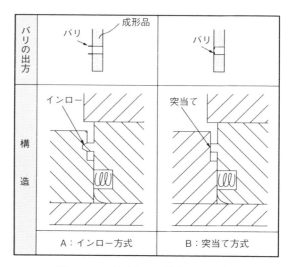

図3.34　スライドコア構造のアイデア

(15) 突出しピンの選定

　角突出しピン（角エジェクタピン）は㈱ミスミより標準部品として選定した（図3.37）。図3.38に示すように角突出しピンは先端部は長方形をしているが、ピンの中段から根本までは円筒形をしている。長方形形状は必要な長さだけとして、できるだけ短くする方向で選定する。細長い薄い長方形形状は長いと折れやすいためである。購入した角突出しピンは、組み込む角穴の仕様によってコーナーRを砥石ややすりで合わせ調整を施したり、摺動部の終点に逃げを手作業で加工してかじり防止をしたりする場合がある。

　その他のモールドベース付属部品は第1章と同様に選定した。

　スプルーブシュ、ロケートリング、リターンピン用コイルスプリング、ボールプランジャ（図3.39）、アンギュラピン（図3.40）、丸線コイルスプリングは㈱ミスミ仕様で選定した。

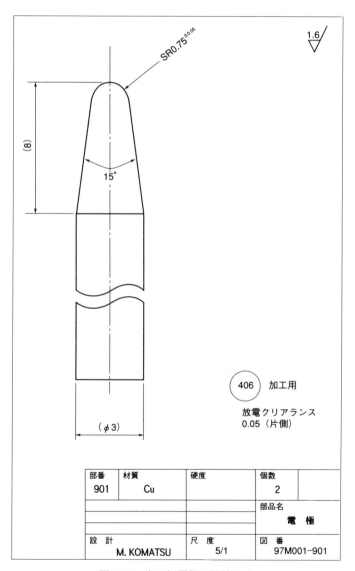

図 3.35 （901）電極の設計図面

第3章 分割構造金型の設計事例

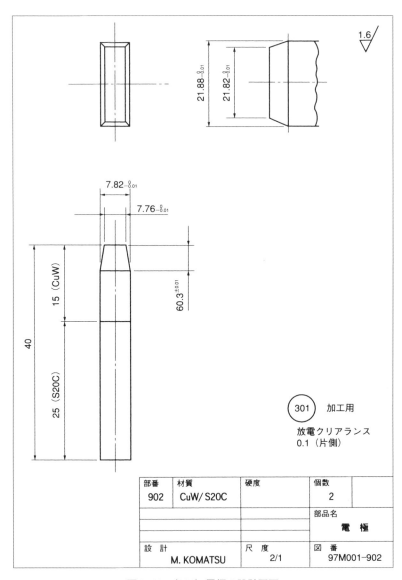

図3.36 （902）電極の設計図面

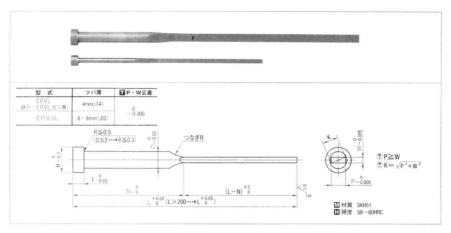

図3.37 角突出しピン
〔出典〕㈱ミスミ「プラ型用標準部品カタログ」

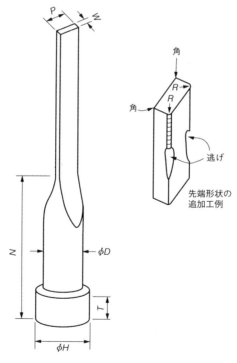

図3.38 角エジェクタピン

第3章　分割構造金型の設計事例

図3.39　ボールプランジャ
〔出典〕㈱ミスミ「プラ型用標準部品カタログ」

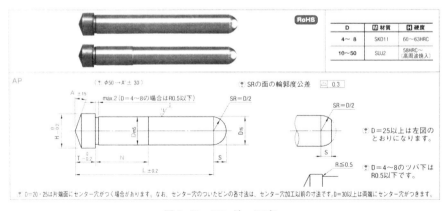

図3.40　アンギュラピン
〔出典〕㈱ミスミ「プラ型用標準部品カタログ」

第4章

技術資料編

4.1 ゲートとメカ構造

●ゲート方案一覧

　ゲートは射出成形金型では必ず1ヵ所以上設けなければならない樹脂の注入口である。ゲートの良し悪しにより成形品の品質、成形サイクル、生産コストが左右される。

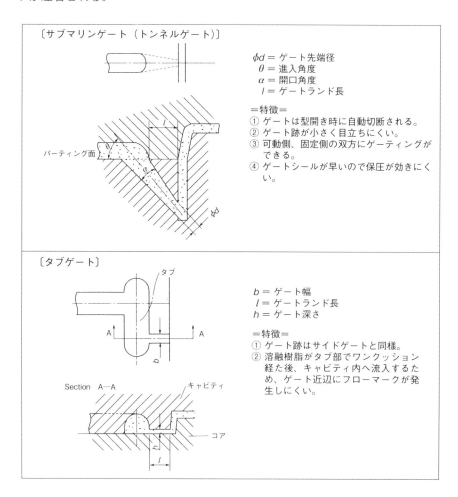

〔サブマリンゲート（トンネルゲート）〕

ϕd = ゲート先端径
θ = 進入角度
α = 開口角度
l = ゲートランド長

＝特徴＝
① ゲートは型開き時に自動切断される。
② ゲート跡が小さく目立ちにくい。
③ 可動側、固定側の双方にゲーティングができる。
④ ゲートシールが早いので保圧が効きにくい。

〔タブゲート〕

b = ゲート幅
l = ゲートランド長
h = ゲート深さ

＝特徴＝
① ゲート跡はサイドゲートと同様。
② 溶融樹脂がタブ部でワンクッション経た後、キャビティ内へ流入するため、ゲート近辺にフローマークが発生しにくい。

〔ディスクゲート〕

l = ゲートランド長
h = ゲート深さ

＝特徴＝
① 成形品の内側面にゲート跡が環状に残る。
② ゲートの切断工程が必要となる。
③ 円筒状成形品の充填を均一に行える。

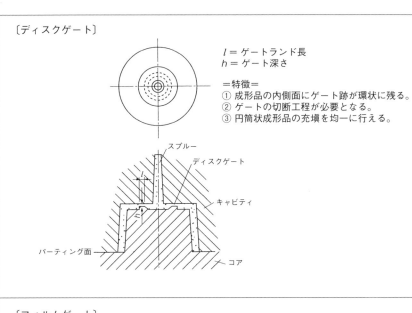

〔フィルムゲート〕

b = ゲート幅
l = ゲートランド長
t = ゲート深さ

＝特徴＝
① 成形品の側面にゲート跡が残る。
② フィルム状ゲートの切断工程が必要となる。
③ 薄板状成形品の充填に適している。

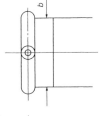

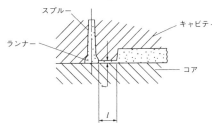

第4章 技術資料編

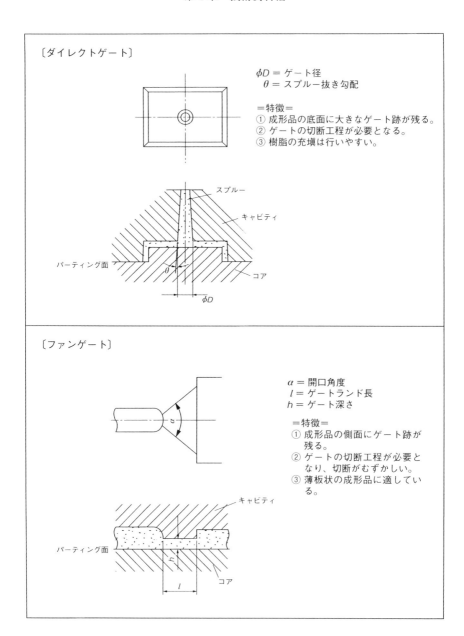

〔サイドゲート〕

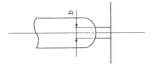

b = ゲート幅
h = ゲート深さ
l = ゲートランド長

＝特徴＝
① 成形品の側面にゲート跡が残る。
② ゲート切断工程が必要になる。
③ ゲート部のキャビティへの機械加工は容易。
④ 樹脂の充塡は比較的行いやすい。

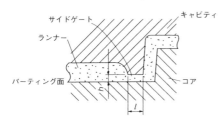

〔アンダーゲート（オーバーラップゲート）〕

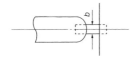

b = ゲート幅
h = ゲート深さ
l = ゲート長
l_1 = 流入部長さ
l_2 = ゲートランド長
l_3 = ランナーオーバーラップ長

＝特徴＝
① 成形品の底面にゲート跡が残るが、側面には残らない。
② ゲート切断工程が必要になる。
③ ゲート部はコア側に彫込み加工となる。
④ 樹脂の充塡は比較的行いやすい。

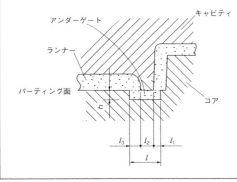

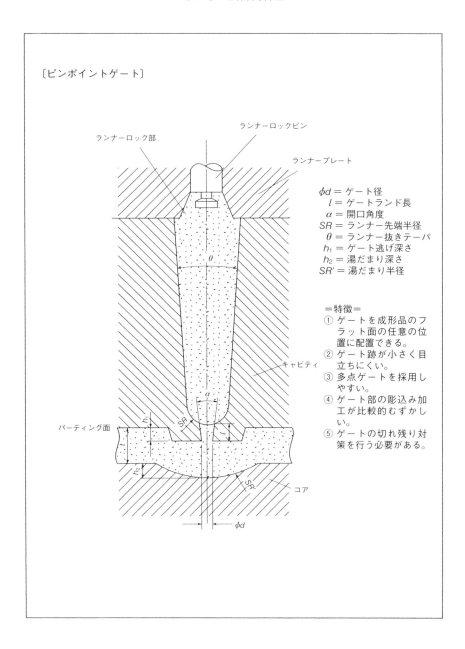

●アンダーカット処理方案一覧

　成形品のアンダーカット部を金型から抜くためにはスライドコアなどのメカ構造が必要になる。基本構造を理解して、安定して作動できるように金型設計する必要がある。

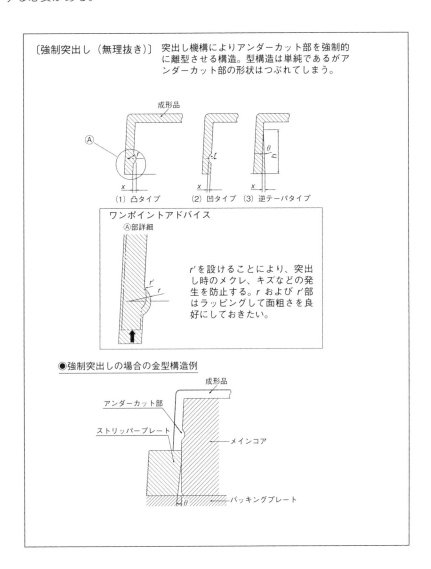

第4章　技術資料編

〔浮上コア方式〕　アンダーカット部をパーティング面方向に浮上可能なコアに分割しておき、アンダーカット部が開放された時点で成形品のスナップを利用して離型させる。

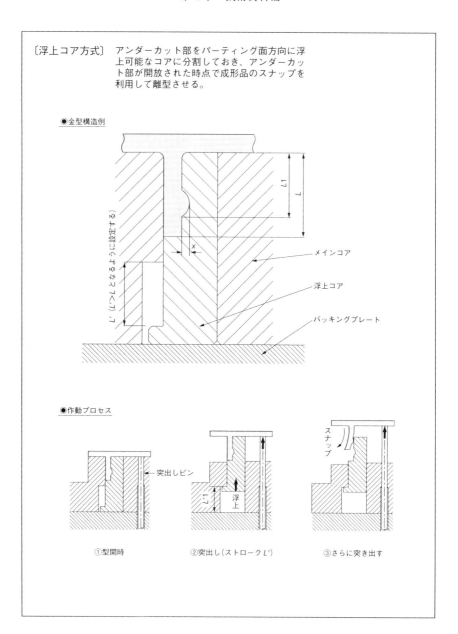

〔外側スライドコア方式〕 成形品の外側側面にアンダーカット部がある場合に用いられる。アンギュラピンを用いる構造とアンギュラブロックを用いる構造が主として採用される。油圧シリンダなどの外部アクチュエータを用いる場合もある。

●金型構造例

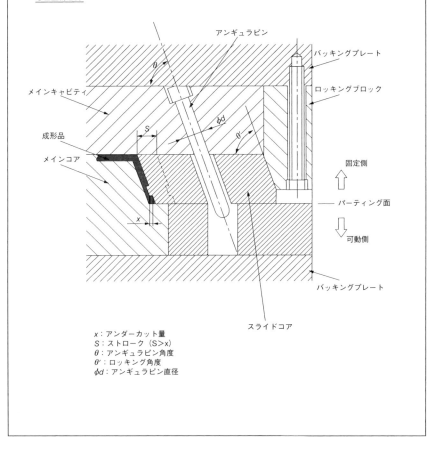

x：アンダーカット量
S：ストローク（$S>x$）
θ：アンギュラピン角度
θ'：ロッキング角度
ϕd：アンギュラピン直径

第4章 技術資料編

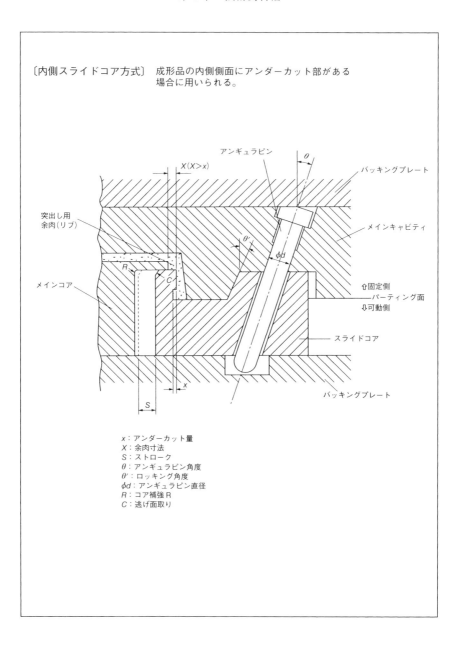

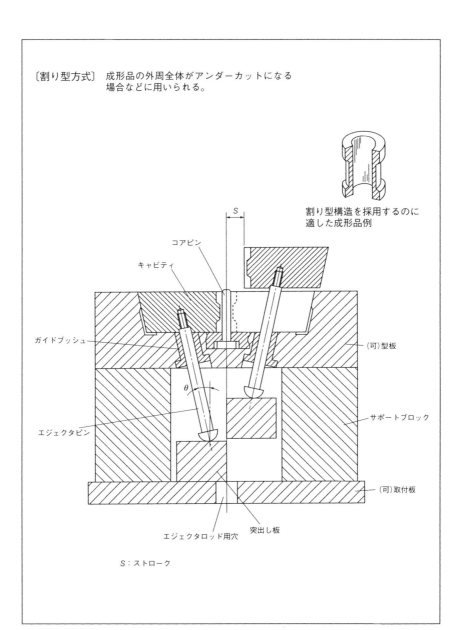

第4章　技術資料編

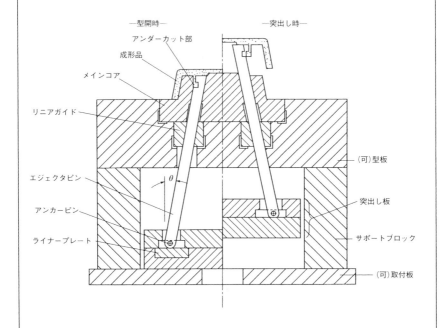

〔傾斜ピン方式〕　成形品の内側にアンダーカットがある場合に用いられる。

●構造上の留意点

① エジェクタピン、ライナープレートの摩耗対策
② アンダーカット部のキズ、めくれ対策
③ リニアガイド構造
④ 成形品の保持構造
上記の点について工夫する必要がある。

●カートリッジヒータの選定方法

　金型を保温するためにはヒータで加熱することがあり、適切な熱量を与えなければならない。

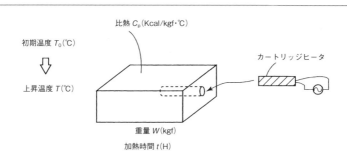

〔1〕必要ヒータ熱容量 Q の算出式

$$Q(\text{kW}) = \frac{Q_0}{0.7 \sim 0.8}$$

$$Q_0 = \frac{W(\text{kgf}) \times C_p(\text{kcal/kgf} \cdot \text{℃}) \times (T - T_0)(\text{℃})}{860 \times t(\text{H})}$$

〔2〕各種材料の比熱データ

材　質	比熱 C_p (kcal/kgf・℃)(20℃)
銅	0.113
アルミニウム	0.23
銅	0.092
ステンレス	0.110
黄銅	0.100

〔3〕各種材料の比重データ

材　質	比　重 S
銅	7.85
アルミニウム	2.8
銅	8.96
ステンレス	7.82
黄銅	8.70

4.2 鋼材の特性

　プラスチック射出成形金型の主要素材は炭素鋼であり、様々な改良を加えた特殊鋼が用いられる。強度や硬さを得るためには熱処理が肝要である。完成した金型を維持するためには適切な表面処理の選択が肝になる。

●炭素鋼の状態図

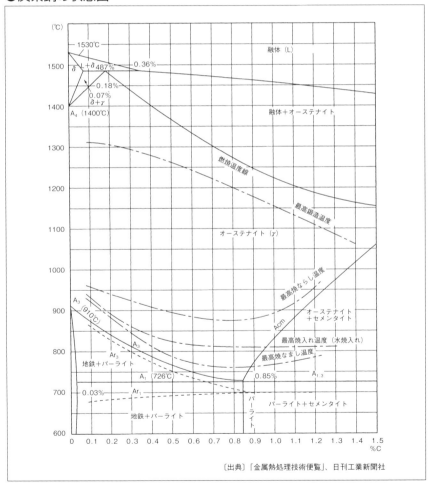

〔出典〕「金属熱処理技術便覧」、日刊工業新聞社

●主要鋼材の熱処理方案代表事例

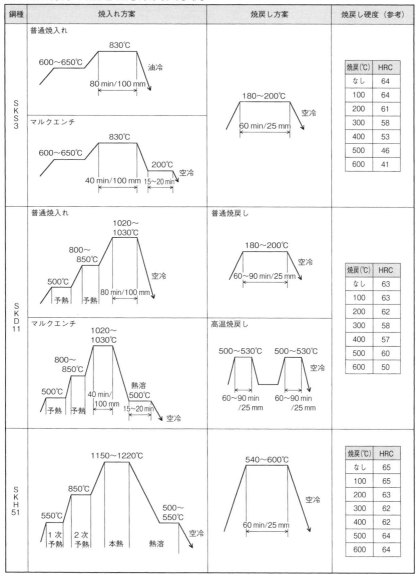

第4章　技術資料編

●プラスチック射出成形金型用鋼のブランド名一覧

鋼種	硬さ(HRC)	JIS等規格	(株)神戸製鋼所	日立金属(株)	大同特殊鋼(株)	日本高周波鋼業(株)	ウッデホルム(株)	愛知製鋼(株)	川崎製鉄(株)	関東特殊製鋼(株)	山陽特殊製鋼(株)	新日本製鉄(株)	住友金属工業(株)	三菱製鋼(株)	NKK	中部鋼板(株)	ボーラー・スチール(株)	ティッセン日本(株)	トピー工業(株)
アズ・ロールド鋼	13	SC系	S50C S55C												S45C~S55C	S50C			S50C
	13	SCM系	SCM435 SCM440						SCM435 SCM440						SCM415 SCM435 SCM440	SCM440			
プリハードン鋼	13	SC系	SCM2A KTSM2I U2000	HIT81	PDS1		UHB11	AUK1			PC55	N-PUK30	SD17 SD30					THYROPLAST 2341	
	28	SCM系 (AISI P20系)	KTSM3A KTSM3I U3000	HIT82	PDS3			AUK11				N-PUK40	SD61 SD80 90·200						
	33	SCM (改)	KTSM3M	HPM2 HPM7	PDS5 PX5	KPM25	HOLDAX IMPAX			DP40			SD70 SD100	MU-M MU-P	NKE301		M201	THYROPLAST 2738·2311· 2312	
	33	SUS系 SUS系(快削)	KTSM60	HPM38 HPM77	PD555 PD742 S-STAR	KSP1	STAVAX RAMAXS				QPD1 QPD5						M300 M310ESR M314	THYROPLAST 2716	
	35	SUS系		PSL	NAK101	U630		CORRAX			QS630								
	40	SKD61 (改)		FDAC	DH2F	KAP KAP2		ORVAR			DK63	GD6F					W302		
		AISI P21		HPM1 HPM50	NAK55 NAK80									MEX14				THYROPLAST 2711	
焼入れ焼戻し鋼	60	SKD11 (改)	KAD181 (粉末)	HPM31 ZDP4	DC53 PD613	KSP2	RIGOR	AUD11			DP60	QCM8					K110	THYRODUR 2379	
	57	SUS系	KAS440 (粉末)	ACD51		KSP3	ELMAX (粉末)				DP55						M390PM (粉末)		
時効処理鋼	52	SUS系	KTSM60	HPM38	PD555 S-STAR	KSP1	STAVAX				DP50	QPD1 QPD5					M310ESR	THYROPLAST 2083	
	53	マルエージング鋼	KMS-CF19	YAG	MASIC	KMS18-20			HT210			QM300	SMA200 SMA245	DMG DMCA			W720	THYRODUR 2709	
	43	非磁性鋼	KTSM-UM1	HPM75	NAK301														

(出典) 型技術, 1994年9月臨時増刊号, p.34

●金型の代表的表面処理方法一覧

特性＼処理名	めっき		窒化（ナイトライディング）	ホウ化（ボライディング）	化学的蒸着（CVD）		物理的蒸着（PVD）	TRD	
	硬質クロム	ニッケル-リン			熱CDV	プラズマCVD		溶融塩法	流動層炉法
表面層材質	Cr	Ni-P	Fe_2N_3 Fe_4N	FeB Fe_2B	TiC TiN TiCN W_2C、他	TiC TiN アモルファスカーボン、他	TiN CrN 他	VC NbC CrC VN	VC TiC CrC TicN
層厚さ（μm）	20～50	20～50	10～20	50～500	3～15	1～5	1～5	3～15	3～15
適用母材	金属 非金属	金属 非金属	鋼	鋼 Ni合金 Co合金 超硬合金	鋼 Ni合金 Co合金 超硬合金	鋼 Ni合金 Co合金 超硬合金	鋼 Ni合金 Co合金 超硬合金	鋼 Ni合金 Co合金 超硬合金	鋼 Ni合金 Co合金 超硬合金
施工時母材温度（℃）	50～80	60～100	500～600	600～1000	500～1100	400～600	400～600	500～1200	500～1100
施工時間（H）	1～5	1～5	1～8	1～4	4～8	1～2	2～4	0.3～8	0.3～8
施工方法	水溶液中電解	水溶液浸漬	・ガス中加熱 ・溶融ソルト浸漬 ・減圧ガス中放電	・粉末中加熱 ・溶融ソルト浸漬 ・溶融ソルト電解 ・ガス中加熱	ガス中加熱	減圧ガス中放電	減圧N_2ガス中	・溶融ソルト浸漬 ・溶融電解	粉末流動層中加熱
層厚さ均一性	×	◎	◎	◎	◎	◎	○	△	◎
歪み発生リスク	◎	◎	△	×	×	◎	◎	×	△

第4章 技術資料編

4.3 力学計算

●はりのたわみ計算公式集

	荷重曲げモーメント図	最大曲げモーメント M_{max}	最大たわみ δ_{max}
静定ばり	(片持ち梁・先端集中荷重)	$M_{max} = wl$ w：(kgf)	$\delta_{max} = \dfrac{wl^3}{3EI}$ (自由端)
	(片持ち梁・等分布荷重)	$M_{max} = \dfrac{1}{2}wl^2$ w (kgf/cm)	$\delta_{max} = \dfrac{wl^4}{8EI}$ (自由端)
	(単純梁・中央集中荷重)	$M_{max} = \dfrac{1}{4}wl$	$\delta_{max} = \dfrac{wl^3}{48EI}$ (中央)
	(単純梁・等分布荷重)	$M_{max} = \dfrac{1}{8}wl^2$	$\delta_{max} = \dfrac{5wl^4}{384EI}$ (中央)
不静定ばり	(両端固定・中央集中荷重)	$M_{max} = \dfrac{1}{8}wl$	$\delta_{max} = \dfrac{wl^3}{192EI}$ (中央)
	(両端固定・等分布荷重)	$M_{max} = \dfrac{1}{12}wl^2$	$\delta_{max} = \dfrac{wl^4}{384EI}$ (中央)
	(一端固定・他端支持・等分布荷重 $0.4215l$)	$M_{max} = \dfrac{1}{8}wl^2$	$\delta_{max} = \dfrac{wl^4}{185EI}$ (自由端から $0.4215l$)

100万ショットを越える金型寿命で安定した量産成形加工を実現するためには金型の強度を力学的に保証しなければならない。プラスチック射出成形金型の設計では、機械力学、材料力学、熱力学、流体力学を総合的に考慮した検討が重要である。

●部材のたわみ公式集

	荷重曲げモーメント図	最大応力 σ_{max}	最大たわみ δ_{max}
円板	（p (kgf/cm²)）	$\sigma_{max} = \dfrac{3p(3m+1)R^2}{8mt^2}$	$\delta_{max} = \dfrac{3(m-1)(5m+1)}{16Em^2t^3}pR^4$ （中央）
円板	（p (kgf/cm²)）	$\sigma_{max} = \dfrac{3(3m+1)pR^2}{8m^2}$	$\delta_{max} = \dfrac{3(m^2-1)pR^4}{16Em^2t^3}$
円板	（p (kgf/cm²)）	$\sigma_{max} = \dfrac{3(m+1)p}{2\pi mt^2}$ $\left(\dfrac{m}{m+1} + \log\dfrac{R}{r_0} - \dfrac{m-1}{m+1}\cdot\dfrac{r_0^2}{4R^2}\right)$ $p = \pi r_0^2 p$	$\delta_{max} = \dfrac{3(m-1)(3m+1)pR^2}{4\pi Em^2t^3}$
円板	（p (kgf/cm²)）	$\sigma_{max} = \dfrac{3(m+1)p}{2\pi mt^2}\left(\log\dfrac{R}{r_0} + \dfrac{r_0^2}{4R^2}\right)$ $p = \pi r_0^2 p$	$\delta_{max} \fallingdotseq \dfrac{3(m-1)(7m+3)pR^2}{16\pi Em^2t^3}$
長方形板	（p (kgf/cm²)）	$\sigma_{max} = \alpha_1 \dfrac{pb^2}{t^2}$ | a/b | 1 | 1.5 | 2 | 3 | 4 | ∞ | | α_1 | 1.15 | 1.95 | 2.44 | 2.85 | 2.96 | 3 | | β_1 | 0.709 | 1.35 | 1.77 | 2.14 | 2.24 | 2.28 |	$\sigma_{max} = \beta_1 \dfrac{pb^4}{Et^3}$
長方形板	（p (kgf/cm²)）	$\sigma_{max} = \alpha_2 \dfrac{pb^2}{t^2}$ | a/b | 1 | 1.5 | 2 | ∞ | | α_2 | 1.231 | 1.817 | 1.99 | 2 | | β_2 | 0.221 | 0.384 | 0.443 | 0.454 |	$\sigma_{max} = \beta_2 \dfrac{pb^4}{Et^3}$

材質	m（ポアソン数）
鋼	3.333
アルミニウム	3.03

第 4 章　技術資料編

● 断面 2 次モーメントと断面係数の一覧

断面形		断面 2 次モーメント I	断面係数 Z
長方形		$I = \dfrac{bh^3}{12}$	$Z = \dfrac{bh^2}{6}$
正方形		$I = \dfrac{a^4}{12}$	$Z = \dfrac{a^3}{6}$
正方形		$I = \dfrac{a^4}{12}$	$Z = \dfrac{a^3}{6\sqrt{2}}$
三角形	$\eta_2 = \dfrac{2}{3}h$ ／ $\eta_1 = \dfrac{1}{3}h$	$I = \dfrac{bh^3}{36}$	$Z_1 = \dfrac{I}{\eta_1} = \dfrac{bh^2}{12}$ ／ $Z_2 = \dfrac{I}{\eta_2} = \dfrac{bh^2}{12}$
台 形		$I = \dfrac{(b_1+b_2)^2 + 2b_1 b_2}{36(b_1+b_2)} \cdot h^3$	$Z_1 = \dfrac{b_1^2 + 2b_1 b_2 + b_2^2}{12(2b_1+b_2)} \cdot h^2$

断面形		断面 2 次モーメント I	断面係数 Z
円 形		$I = \dfrac{\pi d^4}{64}$	$Z = \dfrac{\pi d^3}{32} = \dfrac{\pi r^3}{4}$
中空円形		$I = \dfrac{\pi (d^4 - d_1^4)}{64}$ ／ 薄肉 $I \fallingdotseq \dfrac{\pi}{8} t \cdot d_m^3$	$Z = \dfrac{\pi (d^4 - d_1^4)}{32 d}$ ／ 薄肉 $Z \fallingdotseq \dfrac{\pi}{4} t \cdot d_m^2$
だ円形		$I = \dfrac{\pi a^3 b}{4}$	$Z = \dfrac{\pi a^2 b}{4}$
箱形・工形		$I = \dfrac{b_1 h_1^3 - b_2 h_2^3}{12}$	$Z = \dfrac{b_1 h_1^3 - b_2 h_2^3}{6 h_1}$
溝形・T形		$I = \dfrac{b_1 \eta_1^3 - b_3 \eta_2^3 + b_2 \eta_2^3}{3}$	$\eta_1 = \dfrac{b_2 h^2 + b_3 h_1^2}{2(b_2 h + b_3 h_1)}$ ／ $\eta_2 = h - \eta_1$ ／ $Z_1 = \dfrac{I}{\eta_1}$, $Z_2 = \dfrac{I}{\eta_2}$

●金型用金属材料の主要データ

材質 \ 特性	縦弾性係数(ヤング率) E (kgf/cm²)	横弾性係数 G (kgf/cm²)	弾性限度 σ_d (kgf/cm²)	降伏点 σ_s (kgf/cm²)	極限強さ 引張り f_t (kgf/cm²)	極限強さ 圧縮 f_c (kgf/cm²)	極限強さ せん断 f_s (kgf/cm²)	比重 S	線膨張係数 α ($\times 10^{-6}$/℃)	熱伝導率 λ (kcal/m・H・℃)
軟鋼	210×10^4	81×10^4	(1,800)	(1,900)	3,400〜4,500	1,900	2,900〜3,800	7.85	11.7	39
S55C	210×10^4	85×10^4	(2,500)	(2,800)	6,600	(2,800)	(4,000)	7.86	11.7	(39)
SKD11	210×10^4	85×10^4		7,000〜10,000	8,500〜12,000			7.85	11.7	
プリハードン鋼 (SCM440系)	203×10^4				10,800			7.80	11.5	(25)
Ni鋼(2〜3%Ni)	209×10^4	84×10^4								
鋳鋼	215×10^4	83×10^4	(2,000)	(2,100)	3,500〜7,000	(2,800)	(4,000)	7.85	(11.7)	
Ni-Cr-Mo鋼	210×10^4	84×10^4		8,000〜10,000	9,000〜12,000			7.75	17〜18	
鋳鉄	75〜105$\times10^4$	27〜40$\times10^4$			1,200〜2,400	7,000〜8,500	1,300〜2,600	7.30		
黄銅(圧延)	63×10^4	24×10^4			1,500		1,500	8.50	18〜23	
銅(鋳物)	105×10^4			420〜620	1,250〜1,800			8.88〜8.95	16.5	332
アルミニウム(鋳物)	68×10^4	26×10^4			930			2.56	(23)	197
超々ジュラルミン (アルクイン300)	73×10^4	27.5×10^4			5,100			2.80	23.4	(202)
亜鉛合金第三種 (ZAS)	(13×10^4)				2,600			6.9	27.4	(97)
チタン	105×10^4			8,500〜12,500	8,800〜15,000			4.51	8.2	

( ) 数値は参考値を示す

〔出典〕各種金属データ資料

第4章 技術資料編

●金属材料の許容応力データ

許容応力 材質	引張り σ_{tal} (kgf/cm²)			圧縮 σ_{cal} (kgf/cm²)			曲げ σ_{bal} (kgf/cm²)			せん断 τ_{al} (kgf/cm²)			ねじり γ (kgf/cm²)		
	a	b	c	a	b	c	a	b	c	a	b	c	a	b	c
軟鋼	900〜1,500	600〜1,000	300〜500	900〜1,500	600〜1,000		900〜1,500	600〜1,000	300〜500	720〜1,200	480〜800	240〜400	600〜1,200	400〜800	200〜400
硬鋼	1,200〜1,800	800〜1,800	400〜600	1,200〜1,800	800〜1,200		1,200〜1,800	800〜1,200	400〜600	960〜1,440	640〜960	320〜480	900〜1,440	600〜960	300〜480
Ni鋼 (Ni 1.42%)	1,200〜1,800	800〜1,200	400〜600	1,200〜1,800	800〜1,200		1,200〜1,800	800〜1,200	400〜600	960〜1,440	640〜960	320〜480	900〜1,440	600〜960	300〜480
鋳鉄	300〜350	200〜230	100〜120	900〜1,000	600〜660		300〜600	200〜400	100〜200	300〜350	200〜230	100〜120	220〜500	150〜370	70〜180
銅(圧延)	400〜540	270〜360	130〜180	400〜540	270〜360		270〜360	130〜180	130〜180						
黄銅(圧延)	400〜600	270〜400	130〜200	400〜600	270〜400		400〜600	270〜400	150〜200	320〜480	210〜320	110〜160	320〜480	210〜320	110〜160

a	一定の大きさの力が一定方向に働くとき
b	力の大きさが周期的に変化するが方向は同じとき
c	内力の方向が異なるとき

$$許容応力 = \frac{破壊応力}{安全率}$$

〔出典〕「新機械工学便覧」改訂版、表3.7、理工学社

●段付き平板における応力集中係数αの目安（参考値）

〔1〕引張り

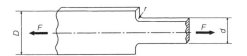

$$\alpha = \frac{\sigma_{max}}{\sigma_n}$$

σ_{max}：最大応力
σ_n：公称応力

$\frac{D}{d} = 1.5$ の場合

$\frac{r}{d}$	α
0.3	1.30
0.25	1.33
0.2	1.36
0.15	1.40
0.1	1.50
0.05	1.75
0.03	2.10

$\frac{D}{d} = 1.05$ の場合

$\frac{r}{d}$	α
0.3	1.55
0.25	1.63
0.2	1.73
0.15	1.87
0.1	2.10
0.05	2.62
0.04	3.00

〔2〕曲げ

$\frac{D}{d} = 1.5$ の場合

$\frac{r}{d}$	α
0.3	1.38
0.25	1.42
0.2	1.50
0.15	1.60
0.1	1.80
0.05	2.22
0.03	3.00

$\frac{D}{d} = 1.05$ の場合

$\frac{r}{d}$	α
0.3	1.32
0.25	1.34
0.2	1.40
0.15	1.43
0.1	1.60
0.05	1.80
0.02	2.60

〔出典〕平修二監修：「現代材料力学」、7.15図、オーム社

●段付き丸棒における応力集中係数 α の目安（参考値）

〔1〕引張り

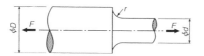

$$\alpha = \frac{\sigma_{max}}{\sigma_n}$$

σ_{max}：最大応力
σ_n：公称応力

$\dfrac{D}{d} = 1.5$ の場合

$\dfrac{r}{d}$	α
0.3	1.43
0.25	1.48
0.2	1.55
0.15	1.68
0.1	1.88
0.05	2.40
0.04	2.52

$\dfrac{D}{d} = 1.05$ の場合

$\dfrac{r}{d}$	α
0.3	1.24
0.25	1.26
0.2	1.30
0.15	1.35
0.1	1.44
0.05	1.72
0.03	2.0

〔2〕曲げ

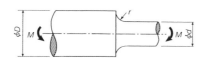

$\dfrac{D}{d} = 1.5$ の場合

$\dfrac{r}{d}$	α
0.3	1.30
0.25	1.36
0.2	1.42
0.15	1.52
0.1	1.68
0.05	2.08
0.02	3.00

$\dfrac{D}{d} = 1.05$ の場合

$\dfrac{r}{d}$	α
0.3	1.28
0.25	1.30
0.2	1.34
0.15	1.41
0.1	1.52
0.05	1.80
0.02	2.60

〔出典〕平修二監修：「現代材料力学」、7.17図、オーム社

●材料の線膨張係数一覧

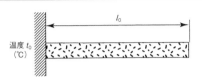

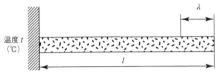

$\lambda = \alpha \cdot l_0 \cdot (t - t_0)$

l_0：初期長さ (mm)
λ：伸び (mm)
α：線膨張係数

材 質	α (20℃における値)
軟鋼	11.7×10^{-6}
S55C	11.7×10^{-6}
SDK11	11.7×10^{-6}
プリハードン鋼（SCM440系）	11.5×10^{-6}
18-8ステンレス鋼	$(17 \sim 18) \times 10^{-6}$
Ni鋼（36%Ni）	0.9×10^{-6}
ハステロイA	2.7×10^{-6}
ニクロム	18×10^{-6}
超アンバー	-0.01×10^{-6}
ジュラルミン	23×10^{-6}
超々ジュラルミン（アルクイン300）	23.4×10^{-6}
銅	16.5×10^{-6}
黄銅	$18 \sim 23 \times 10^{-6}$
チタン	8.2×10^{-6}
銀	18.9×10^{-6}
プラチナ	8.9×10^{-6}
ポリエチレン	$(100 \sim 180) \times 10^{-6}$
PMMA	$(70 \sim 90) \times 10^{-6}$
PVC	$(70 \sim 80) \times 10^{-6}$
ガラス	9×10^{-6}
コンクリート	$(7 \sim 13) \times 10^{-6}$
石英ガラス	0.5×10^{-6}

〔出典〕平修二監修：「現代材料力学」、2.1 表、オーム社

第4章　技術資料編

●金属間の乾燥摩擦係数

エジェクタピンやスライドコアなどの2つの部品が接触する時には摩擦が発生する。乾燥摩擦係数 μ が小さい方が軽い力で移動できる。

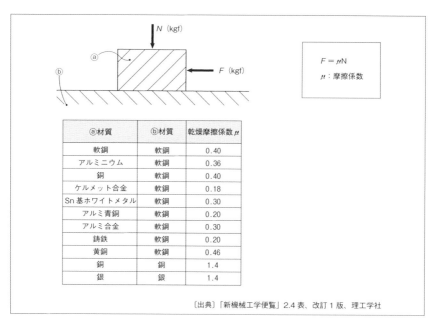

ⓐ材質	ⓑ材質	乾燥摩擦係数 μ
軟鋼	軟鋼	0.40
アルミニウム	軟鋼	0.36
銅	軟鋼	0.40
ケルメット合金	軟鋼	0.18
Sn基ホワイトメタル	軟鋼	0.30
アルミ青銅	軟鋼	0.20
アルミ合金	軟鋼	0.30
鋳鉄	軟鋼	0.20
黄銅	軟鋼	0.46
銅	銅	1.4
銀	銀	1.4

〔出典〕「新機械工学便覧」2.4表、改訂1版、理工学社

●安全率の参考値

強度計算を行う際には、材料の不純物による欠陥や不意の衝撃荷重によるリスクを考慮して安全率を考えるようにする。

材質	死荷重	活荷重		
		繰返し	交番	衝撃
軟　　鋼	3	5	8	12
鋳　　鋼	3	5	8	15
鋳　　鉄	4	6	10	15
銅・銅合金	5	6	9	15
コンクリート	20	30	(25)	(30)

(注) 本数値は参考値であり、実際の安全率は各社における経験値・基準値などを勘案して決定すること。

〔出典〕「機械設計製図便覧」第4版、4.3表、理工学社

●プラスチック成形部の必要冷却時間計算式

　プラスチック射出成形の工程で最も長い時間を占めるのが冷却時間である。冷却時間を短縮できれば成形コストを下げることができる。成形品の肉厚設計や金型設計を工夫することにより冷却時間を短縮できる。

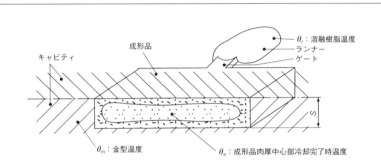

$$t_c = \frac{S^2}{\pi^2 \cdot \alpha} \ln\left(\frac{4}{\pi} \frac{\theta_r - \theta_m}{\theta_e - \theta_m}\right)$$

t_c：成形品肉厚の中心部温度が θ_e になるまでの冷却時間（sec）
S：成形品の肉厚（mm）
α：樹脂の熱拡散率（mm^2/sec）
θ_r：溶融樹脂温度（℃）
θ_m：キャビティ温度（℃）
θ_e：冷却完了時の成形品中心温度（℃）

　（注）本式は、平板形状にのみ適応する。

〔出典〕三谷景造：「型技術」1994年9月臨時増刊号、p.2

第4章 技術資料編

●長方形キャビティ側壁の必要肉厚の計算方法

〔1〕低面分割の場合

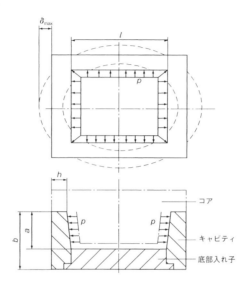

p：キャビティ内圧力（kgf/cm²）
l：キャビティ内側の長さ（mm）
h：キャビティ側壁の厚さ（mm）
a：キャビティ内圧力 p 受圧部の側壁の高さ（mm）
b：キャビティ高さ（mm）
E：縦弾性係数（ヤング率）（kgf/cm²）
δ_{max}：最大たわみ（mm）

$$h = \sqrt[3]{\frac{12 \cdot p \cdot l^4 \cdot a}{384 \cdot E \cdot b \cdot \delta_{max}}} \text{（mm）}$$

（注）底付きタイプキャビティの場合は本式は成立しない。

E の値一覧表

材質	E（kgf/cm²）
軟鋼	210×10^4
硬鋼	220×10^4
プリハードン鋼（SCM440系）	203×10^4
鋳鉄	$(75～105) \times 10^4$
超々ジュラルミン（アルクイン300）	73×10^4

キャビティ内圧力 p の目安（参考値）

成形条件	p（kgf/cm²）
射出圧力低目	200～400
射出圧力高目	400～600

（注）実際には圧力センサで実測値を計測するのが望ましい。

〔2〕底面一体の場合

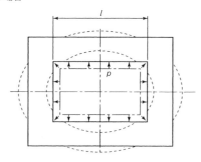

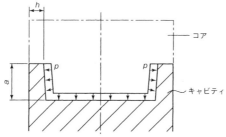

p：キャビティ内圧力（kgf/cm²）
l：キャビティ内側の長さ（mm）
h：キャビティ側壁の厚さ（mm）
a：キャビティ内圧力 p 受圧部の側壁の高さ（mm）
E：縦弾性係数（ヤング率）（kgf/cm²）
c：l/a 比による定数
δ_{max}：最大たわみ（mm）

$$h = \sqrt[3]{\frac{c \cdot p \cdot a^4}{E \cdot \delta_{max}}}$$

$$\delta_{max} = \frac{c \cdot p \cdot a^4}{E h^3}$$

l/a	c
1.0	0.044
1.1	0.053
1.2	0.062
1.3	0.070
1.4	0.078
1.5	0.084
1.6	0.090
1.7	0.096
1.8	0.102
1.9	0.106
2.0	0.111
3.0	0.134
4.0	0.140
5.0	0.142

●円筒形キャビティ側壁の必要肉厚の計算方法

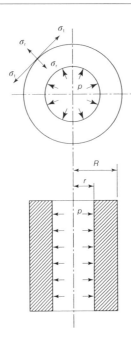

p：キャビティ内圧力 (kgf/cm²)
R：キャビティ外形半径寸法 (mm)
r：キャビティ内径半径寸法 (mm)
σ_t：キャビティの接線方向許容応力 (kgf/cm²)

$$R = \sqrt{\frac{r^2\left(\dfrac{\sigma_t}{p} + 1\right)}{\left(\dfrac{\sigma_t}{p} - 1\right)}}$$

σ_t の値

材 質	σ_t (kgf/cm²)
軟 鋼	900〜1,500
硬 鋼	1,200〜1,800
鋳 鉄	500〜750

●可動側型板のたわみ計算式

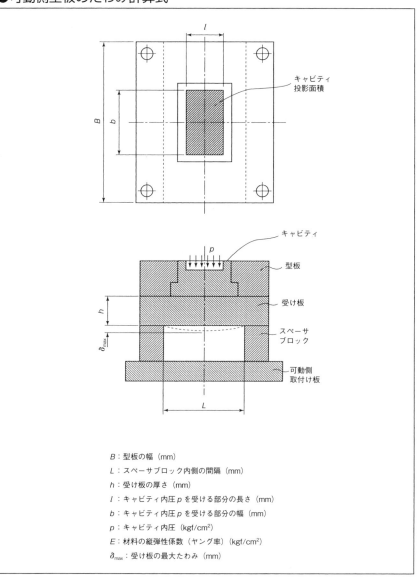

B：型板の幅（mm）
L：スペーサブロック内側の間隔（mm）
h：受け板の厚さ（mm）
l：キャビティ内圧 p を受ける部分の長さ（mm）
b：キャビティ内圧 p を受ける部分の幅（mm）
p：キャビティ内圧（kgf/cm²）
E：材料の縦弾性係数（ヤング率）（kgf/cm²）
δ_{max}：受け板の最大たわみ（mm）

第4章　技術資料編

〔計算の簡便化のために $l = L$ と仮定した場合〕

　受け板の最大たわみ δ_{max} は L^4 に比例して大きくなる。また、h^3 に比例して小さくなる。つまり、δ_{max} を小さくするためには L を短くし、h を厚く設計することが最も効果がある。

$$\delta_{max} = \frac{5 \cdot p \cdot b \cdot L^4}{32 \cdot E \cdot B \cdot h^3} \text{ (mm)}$$

$$h = \sqrt[3]{\frac{5 \cdot p \cdot b \cdot L^4}{32 \cdot E \cdot B \cdot \delta_{max}}} \text{ (mm)}$$

E の値一覧

材　質	E (kgf/cm²)
軟　鋼	210×10^4
プリハードン鋼（SCM440系）	203×10^4
鋳　鉄	$(75 \sim 105) \times 10^4$
超々ジュラルミン（アルクイン300）	73×10^4

キャビティ内圧力 p の目安（参考値）

成形条件	p (kgf/cm²)
射出圧力低目	200〜400
射出圧力高目	400〜600

（注）実際には圧力センサで実測値を計測するのが望ましい。

パーティングバリを考慮した許容最大たわみの目安（参考値）

成形材料など	許容最大たわみ δ_{max} (mm)
流動性のよいもの（PA、PPなど）	0.025以下
流動性一般的なもの	0.03〜0.05
バリ発生しても支障ない成形品	0.1〜0.2

●サポートブロックの挿入による最大たわみ量の変化

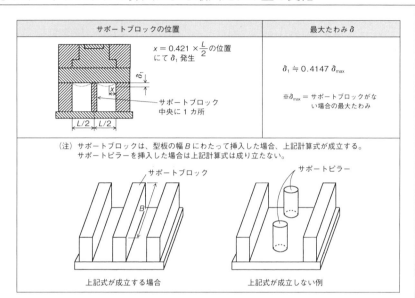

サポートブロックの位置	最大たわみ δ
$x = 0.421 \times \dfrac{L}{2}$ の位置にて δ_1 発生 サポートブロック 中央に1カ所	$\delta_1 \fallingdotseq 0.4147\, \delta_{max}$ ※ δ_{max} = サポートブロックがない場合の最大たわみ

(注) サポートブロックは、型板の幅 B にわたって挿入した場合、上記計算式が成立する。
サポートピラーを挿入した場合は上記計算式は成り立たない。

上記式が成立する場合 / 上記式が成立しない例

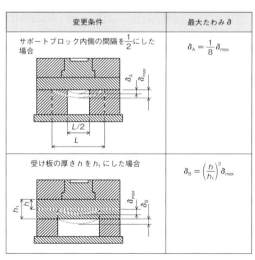

変更条件	最大たわみ δ
サポートブロック内側の間隔を $\dfrac{1}{2}$ にした場合	$\delta_A = \dfrac{1}{8}\, \delta_{max}$
受け板の厚さ h を h_1 にした場合	$\delta_B = \left(\dfrac{h}{h_1}\right)^3 \delta_{max}$

第4章 技術資料編

●長柱の座屈強さの計算式

サポートピラーのように細長い部材に圧縮荷重が作用する場合は座屈が発生する。座屈の強さを計算するのには、ランキンの公式、オイラーの理論公式、テトマイヤーの公式の3つがある。

---

〔1〕ランキンの公式

$$\sigma_{cr} = \frac{\sigma_d}{\left\{1 + \left(\frac{l}{k}\right)^2 \cdot \frac{a}{n}\right\}}$$

$$P_{cr} = A \cdot \sigma_{cr}$$

P_{cr}：座屈荷重 (kgf)
σ_{cr}：座屈強さ (kgf/cm^2)
l：柱の長さ (cm)
σ_d：圧縮強さ (kgf/cm^2)
n：柱の両端の条件による定数
A：柱の断面積 (cm^2)

〔2〕オイラーの理論公式

$$P_{cr} = n\pi^2 \left(\frac{EI}{l^2}\right)$$

$$\sigma_{cr} = \frac{P_{cr}}{A} = n\pi^2 E \left(\frac{k}{l}\right)^2$$

I：横断面の最小慣性能率 (cm^4)
k：最小回転半径 (cm)
(注) 本式は σ_{cr} が材料の弾性限度以下の場合は成り立つ。

〔3〕テトマイヤーの公式

$$\sigma_{cr} = \sigma_d \left\{1 - a\frac{l}{k} + b\left(\frac{l}{k}\right)^2\right\}$$

a：実験定数
b：実験定数

(注) 上式で $\frac{l}{k}$ の値が次頁の表に示す範囲を超える場合はオイラーの公式を用いる。

〔ランキンの公式の定数一覧〕

定数	鋳鉄	軟鋼	硬鋼	錬鉄	木材
σ_d (kgf/cm^2)	5600	3400	4900	2500	500
a	$\dfrac{1}{1600}$	$\dfrac{1}{7500}$	$\dfrac{1}{5000}$	$\dfrac{1}{9000}$	$\dfrac{1}{750}$
$\dfrac{l}{k}$ の使用範囲	$<80\sqrt{n}$	$<90\sqrt{n}$	$<85\sqrt{n}$	$<100\sqrt{n}$	$<60\sqrt{n}$

〔ランキンの公式、オイラーの理論公式の n の値一覧〕

両端の条件	両端蝶番	一端固着 他端自由	一端固着 他端蝶番	両端固着
n	1	$\dfrac{1}{4}$	$2.046 \fallingdotseq 2$	4
長柱の状態	(両端蝶番図)	(一端固着他端自由図)	(一端固着他端蝶番図)	(両端固着図)

〔テトマイヤーの公式の定数〕

定数＼材料	鋳鉄	軟鋼	硬鋼	錬鉄	木材
σ_d (kgf/cm^2)	7760	3100	3350	3030	293
a	0.01546	0.00368	0.00185	0.00426	0.00626
b	0.00007	—	—	—	—
$\dfrac{l}{k}$ の使用範囲	<88	<105	<90	<112	<100

〔出典〕「機械設計製図便覧」第4版、p4〜15、理工学社

第4章　技術資料編

●コアピン類の曲げ強度の計算方法

金型の部材の横方向から樹脂圧力などが作用する場合には、曲げ強度を計算し、たわみ量を予測したり、破壊しないサイズを検討する。

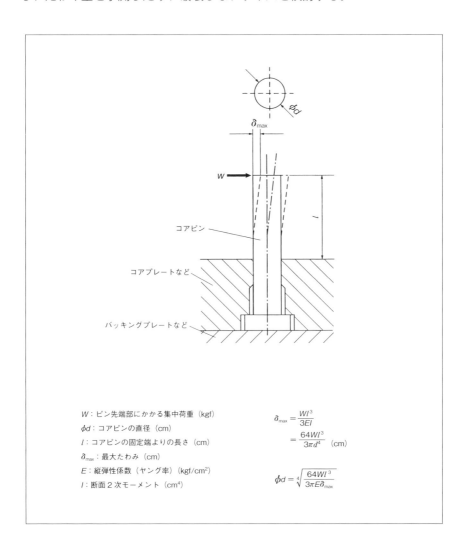

W：ピン先端部にかかる集中荷重（kgf）
ϕd：コアピンの直径（cm）
l：コアピンの固定端よりの長さ（cm）
δ_{max}：最大たわみ（cm）
E：縦弾性係数（ヤング率）（kgf/cm²）
I：断面2次モーメント（cm⁴）

$$\delta_{max} = \frac{Wl^3}{3EI}$$

$$= \frac{64Wl^3}{3\pi d^4} \text{（cm）}$$

$$\phi d = \sqrt[4]{\frac{64Wl^3}{3\pi E \delta_{max}}}$$

●ノックピンなどのせん断強度の計算方法

　ノックピンなどに左右から力が左右する場合には、せん断応力に耐えられるようなピン径を計算で求める必要がある。

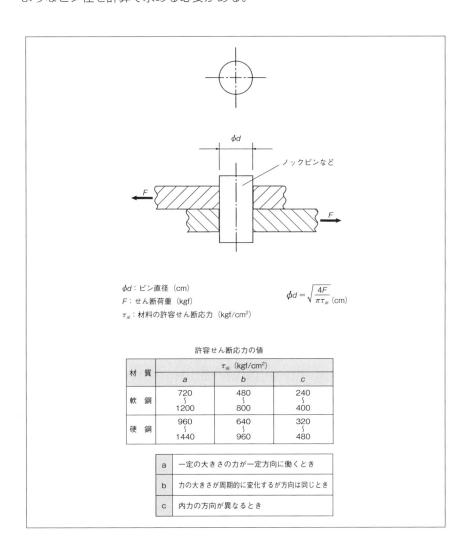

ϕd：ピン直径（cm）
F：せん断荷重（kgf）
τ_{al}：材料の許容せん断応力（kgf/cm^2）

$$\phi d = \sqrt{\frac{4F}{\pi \tau_{al}}} \text{（cm）}$$

許容せん断応力の値

材質	τ_{al} (kgf/cm^2)		
	a	b	c
軟鋼	720〜1200	480〜800	240〜400
硬鋼	960〜1440	640〜960	320〜480

a	一定の大きさの力が一定方向に働くとき
b	力の大きさが周期的に変化するが方向は同じとき
c	内力の方向が異なるとき

4.4 ホットランナー構造

(a) ボルト締めでない（モジュラータイプ）デュラシステム

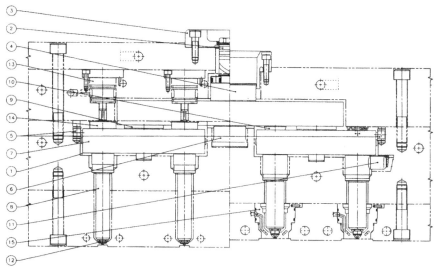

ホットランナー部品名	
① エヤーギャップ	⑨ メインマニホールドステップ
② インレットエクステンション	⑩ プレッシャーディスク
③ ロケートリング	⑪ ヒーターミナル
④ 成形機ノズルパッド（バックプレート）	⑫ ゲートシール
⑤ マニホールド位置決めカム	⑬ バルブ駆動源
⑥ マニホールドロケータ	⑭ バルブディスク
⑦ 非ボルト締め（モジュラー、鋳込み）マニホールド	⑮ 冷却用ゲートインサート
⑧ ノズル	

ホットランナーは、スプルーからゲート部までをヒーターで加熱することによりスクラップを排出させずに連続成形ができる。キャビティ内の充填圧力を低下させ流動長を長くする、樹脂温度が高くなり表面転写性が良好になる、成形サイクルが短くなる、などの利点がある。

(b) ボルト締めデュラシステム

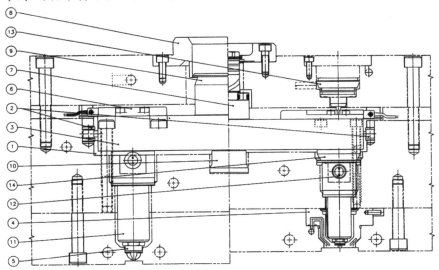

ホットランナー部品名	
① エヤーギャップ	⑧ ロケートリング
② マニホールド位置決めカム	⑨ 成形機ノズルパッド（バックプレート）
③ ボルト締めマニホールド	⑩ マニホールドロケータ
④ 冷却用ゲートインサート	⑪ ノズル
⑤ ゲートシール／ゲートインサート	⑫ ヒーターターミナル
⑥ ヒータプレート	⑬ バルブ駆動源
⑦ インレットエクステンション	⑭ バルブブッシュ

〔出典〕モールドマスターズ㈱資料へ加筆

第4章 技術資料編

4.5 プラスチック材料の特性

JIS試験法	ASTM試験法	分類				
		樹脂名	ポリスチレン&スチレンコポリマー			
			ポリスチレン			
		グレード	一般	高衝撃性	耐熱性	
		充填材	—	—	—	ガラス繊維 20～30%
		略号	PS	HIPS	PS	PS-GF
成形加工性		乾燥温度（℃）	—	—	—	—
		乾燥時間（hr）	—	—	—	—
		射出成形シリンダ温度（℃）	170～280	190～280	190～280	170～203
		キャビティ表面温度（℃）	20～60	10～80	20～80	20～80
		射出成形充填圧力（kgf/cm^2）	700～2,110	700～2,110	700～2,110	1,050～2,800
		圧縮成形温度（℃）	—	—	—	—
		圧縮成形充填圧力（kgf/cm^2）	—	—	—	—
		成形収縮率（%）	0.4～0.7	0.4～0.7	0.2～0.6	0.1～0.3
機械的特性	K6911.K7112	D792	比重（密度）	1.03～1.05	1.03～1.06	1.03～1.09	1.20～1.33
	K6911.K7113	D638	引張強さ（kgf/cm^2）	350～840	200～350	350～530	630～1,050
			伸び（%）	3～4	13～50	2～60	2～60
	K7208		圧縮強さ（kgf/cm^2）	809～1,120	280～630		950～1,270
	K7203		曲げ強さ（kgf/cm^2）	562～984	210～844		730～1,410
	K7110.K7111		衝撃強さ（アイゾット）（kgf・cm/cm）	1.4～2.2	3.3～20	2.2～19	1.4～2.2
	K7202	D785	硬さ（ロックウエル）	M60～75	M10～80	M70	M70～95
			非晶性・結晶性	非晶性			
熱的性質	K7206.K7207	D648	耐熱温度（連続）（℃）	65.3～76.5	59.8～79.2	—	82～93
			荷重たわみ温度（℃） a）曲げ応力 $18.6 kgf/cm^2$	104	90	90	90～104
			b）曲げ応力 $4.6 kgf/cm^2$	82～110	82～104		97～110
分解性				非分解			
用途				冷蔵庫内箱 扇風機の羽根 計測機ケース プラモデル 発泡スチロール			

プラスチック射出成形金型の設計をスタートする際には、使用する材料の特性を正確に把握しなければならない。おおまかな特性をすみやかに知るための必要最小限のデータを抽出して整理した。

熱可塑性プラスチック								
汎用プラスチック								
AS 樹脂		ABS 樹脂			ポリエチレン＆エチレンコポリマー			
					ポリエチレン			エチレン酢酸ビニル
一般		高剛性	耐熱性		低密度	中密度	高密度	
―	ガラス繊維 20～30%	―	―	ガラス繊維 20～30%	―	―	―	―
SAN	SAN-GF	ABS	ABS	ABS-GF	LDPE	MDPE	HDPE	EVA
85	85	70～80	70～80	70～80	―	―	―	―
2～4	2～4	2	2	2	―	―	―	―
200～260	200～260	200～260	250～300	200～260	150～270	200～300	200～300	120～230
50～80	50～80	50～80	50～80	50～80	20～60	10～60	10～60	20～60
700～2,300	1,050～2,800	560～1,760	560～1,760	1,050～2,810	560～2,100	560～2,100	700～1,400	560～1,400
―	―	―	―	―	―	―	―	―
0.2～0.7	0.1～0.2	0.4～0.9	0.4～0.9	0.1～0.2	1.5～5.0	1.5～5.0	2.0～6.0	0.7～1.2
1.07～1.10	1.20～1.46	1.03～1.06	1.05～1.08	1.22～1.36	0.91～0.925	0.93～0.94	0.94～0.97	0.92～0.95
600～840	600～1410	400～530	400～560	570～740	42～161	84～246	218～387	95～200
1.5～3.7	1.1～3.8	3.0～20.0	5.0～25.0	2.5～3.0	90～800	50～600	20～130	500～900
985～1,200	1,550	127～870	500～700	845～1,550			190～250	
984～1,340	1,550～1,830	770～910	703～1,050	1,120～1,900		337～492		
		10.9～33.7	10.9～35.4	5.4～13.1	不破壊	2.7～87	2.7～110	不破壊
M80～90	M100・E60	R107～115	R100～115	M65～100	D41～50	D50～60	D60～70	D17～45
非晶性		非晶性			結晶性			結晶性
60～96	93～104	71～93	88～165	93～100	82～100	48.7～121	121	―
88～104	88～110	―	101～118	85～107	32～40.3	40.3～48.7	43.1～54.2	33.7
	101～115	99～108	107～122	93～118	37.6～49.2	48.7～73.7	59.8～88	77～81
非分解		非分解			非分解			非分解
楽器		テレビ、ラジオのハウジング			食品包装資材			電気部品
ジューサーカバー		家電製品本体			洗剤容器・キャップ			雑貨
バッテリーケース		容器			電線被服			サンダル
透明部品		ヘルメット			容器、食器			ガスバリア層
光沢部品		玩具			高周波部品			

〔出典〕材料メーカーカタログデータを著者が調整

第4章　技術資料編

JIS 試験法	ASTM 試験法	分類		汎用プラスチック			
		樹脂名		ポリプロピレン		ポリ塩化ビニル	
		グレード		一般		軟質	硬質
		充填材		—	ガラス繊維 40%	—	—
		略号		PP	PP-GF	S-PVC	H-PVC
		成形加工性	乾燥温度（℃）	—	—	—	—
			乾燥時間（hr）	—	—	—	—
			射出成形シリンダ温度（℃）	200〜300	200〜300	160〜190	170〜210
			キャビティ表面温度（℃）	20〜90	20〜90	10〜20	10〜60
			射出成形充填圧力（kgf/cm^2）	700〜1,410	700〜1,410	560〜1,760	700〜2,810
			圧縮成形温度（℃）	—	—	—	—
			圧縮成形充填圧力（kgf/cm^2）	—	—	—	—
			成形収縮率（%）	1.0〜2.5	0.2〜0.8	1〜5	0.1〜0.5
K6911.K7112	D792	機械的特性	比重（密度）	0.90〜0.91	1.22〜1.23	1.16〜1.35	1.30〜1.58
K6911.K7113	D638		引張強さ（kgf/cm^2）	210〜400	560〜1,000	100〜240	400〜500
			伸び（%）	100〜800	2〜4	200〜450	40〜80
K7208			圧縮強さ（kgf/cm^2）	260〜562	387〜492	63〜120	562〜914
K7203			曲げ強さ（kgf/cm^2）	352〜492	492〜773		703〜1,120
K7110.K7111			衝撃強さ（アイゾット）（kgf・cm/cm）	2.2〜110	7.6〜11	2.2〜100	大きく変る
K7202	D785		硬さ（ロックウエル）	R50〜110	R102〜111	A50〜100	D68〜85
			非晶性・結晶性	結晶性		非晶性	
K7206.K7207	D648	熱的性質	耐熱温度（連続）（℃）	88〜115	121〜138		54.2〜79.2
			荷重たわみ温度（℃）a) 曲げ応力 18.6 kgf/cm^2	45.9〜59.8	59.8〜93		59.8〜76.5
			b) 曲げ応力 4.6 kgf/cm^2	103〜130	107〜161		57.0〜82
		分解性		非分解		非分解	
		用途		自動車内装部品 航空機内装部品 バッテリーケース 容器キャップ 家電部品		電線被服 ホース パッキン 長靴 サンダル	配管チューブ 絶縁板

	熱可塑性プラスチック							
				エンジニアリングプラスチック				
ポリメチルメタクリレート（アクリル）	ポリカーボネート			ポリアミド（ナイロン）				
	一般			ナイロン 6	ナイロン 66	ナイロン 11・12	ナイロン 46	ナイロン 9T
—	—	ガラス繊維 10% 以下	ガラス繊維 10～40%	—	ガラス繊維 30%	—	ガラス繊維 45%	ガラス繊維 30%
PMMA	PC	PC-GF	PC-GF	PA6	PA66-GF	PA11・PA12	PA46-GF	PA9T-GF
70～100	120	120	120	80	80	70～80	80	120
2～6	>4	>4	>4	8～15	8～15	8～15	8	5
190～290	270～380	270～380	270～380	240～290	260～300	250～270	280～320	310～330
40～90	80～120	80～120	80～120	40～120	40～120	90～110	80～120	120～140
700～1,410	700～1,410	700～1,410	1,050～2,810	1,000～1,800	1,500～1,800	1,000～1,800	1,500～2,800	1,500～2,800
—	—	—	—	—	—	—	—	—
—	—	—	—	—	—	—	—	—
0.1～0.4	0.5～0.7	0.2～0.5	0.1～0.2	0.5～1.5	0.5	0.3～1.5	0.2～0.9	流れ方向 0.1～0.3 直角方向 0.6～0.7
1.17～1.20	1.19～1.20	1.27～1.28	1.24～1.52	1.12～1.14	1.38	1.03～1.08	1.82	1.4～1.6
470～770	550～700	630～675	840～1,760	700～850	1,850	530～550	2,040	1,600～1,800
2～10	100～130	5～10	0.9～5.0	200～300	3	300・500		4
844～1,270	844	984	914～1,480	914	2,070			2,000～2,200
914～1,340	949	1,050	1,200～2,250		471～1,260			
1.6～2.7	75～100	6.5	11	3.3～5.4	12	10～30	130～150	
M85～105	R115～125	M75～85	M88～95	R119	M100	R106～109	R107～120	
非晶性		非晶性				結晶性		
59.8～93	121	135	135	82～121	82～121	82～149		280～285
73.7～99	129～140	142	142～149	68.1	77.0	54.2	290	285～290
79.2～107	132～143	146	149～154	203	236～239	167		
非分解		非分解				非分解		
レンズ プリズム 照明器具 ボタン パネル	医療機器 携帯電話筐体 ヘッドランプカバー 電子部品 透明部品			ファスナー スイッチ ギヤ、カム、軸受 電子部品 櫛		自動車部品 スポーツ用品	コネクタ 電子部品	電子部品

第4章 技術資料編

JIS 試験法	ASTM 試験法	分類		エンジニアリングプラスチック			
		樹脂名		ポリアセタール		ポリブチレンテレフタレート	
		グレード		一般			
		充填材		—	ガラス繊維 25% 以下	—	ガラス繊維 30%
		略号		POM	POM-GF	PBT	PBT-GF
成形加工性		乾燥温度（℃）		80～90	110	120	120
		乾燥時間（hr）		3～4	4～6	4	4
		射出成形シリンダ温度（℃）		180～230	180～230	230～80	230～280
		キャビティ表面温度（℃）		60～120	60～120	40～80	40～80
		射出成形充填圧力（kgf/cm²）		700～1,410	730～1,410	560～1,800	560～1,800
		圧縮成形温度（℃）		—	—	—	—
		圧縮成形充填圧力（kgf/cm²）		—	—	—	—
		成形収縮率（%）		2～2.5	0.4	1.5～2.0	0.2～0.8
機械的特性	K6911.K7112	D792	比重（密度）		1.41～1.42	1.61	1.31～1.38	1.52
	K6911.K7113	D638	引張強さ（kgf/cm²）		580～800	1,250～1,300	550～640	1,100～1,340
			伸び（%）		25～75	3	50～300	2～4
	K7208		圧縮強さ（kgf/cm²）		1,270	1,200	605～1,020	1,270～1,650
	K7203		曲げ強さ（kgf/cm²）		990	1,970	844～1,170	1,830
	K7110.K7111		衝撃強さ（アイゾット）（kgf・cm/cm）		5.4～13	10	4.4～5.4	7.0～8.7
	K7202	D785	硬さ（ロックウエル）		M78～94	M79	M68～78	M90
			非晶性・結晶性					
熱的性質	K7206.K7207	D648	耐熱温度（連続）（℃）		90	104	49.8～121	115～176
			荷重たわみ温度（℃）	a) 曲げ応力 18.6 kgf/cm²	124	110	49.8～85	220
				b) 曲げ応力 4.6 kgf/cm²	170	158	115～193	225
分解性					非分解		非分解	
用途					ギヤ 軸受 カム コネクタ OA機器部品		コネクタ 電装部品 機械部品 キートップ 自動車部品	

熱可塑性プラスチック								
				スーパーエンジニアリングプラスチック				
ポリエチレンテレフタレート		ポリフェニレンサルファイド		液晶ポリマー		ふっ素樹脂	ポリエーテルエーテルケトン	ポリイミド
—	ガラス繊維 30%	—	ガラス繊維 30%	—	ガラス繊維 40%	—	炭素繊維 40%	ガラス繊維 30%
PET	PET-GF	PPS	PPS-GF	LCP	LCP-GF	FEP	PEEK	PI
120	120	130〜140	130〜140	140〜160	140〜160	—	150〜160	200
4	4	2	2	4	4	—	2〜3	3
265〜325	265〜325	315〜330	315〜360	360〜390	290〜310	270〜430	380〜400	390〜420
130〜150	130〜150	130〜150	130〜150	70〜110	70〜110	95〜230	180〜220	170〜210
700〜1,400	400〜700	500〜1,000	500〜1,400	400〜900	400〜900	352〜1,410	1,500〜2,400	1,500〜2,400
—	—	—	—	—	—	—	—	—
2〜2.5	0.2〜0.9	0.6〜0.8	流れ方向 0.1〜0.4 直角方向 0.6〜0.7	流れ方向 0.1〜0.2 直角方向 0.6〜0.9	流れ方向 0.1 直角方向 0.3〜0.5	2〜3	0.5	流れ方向 0.16 直角方向 0.78
1.29〜1.40	1.55〜1.67	1.30	1.60〜1.67	1.35	1.70	2.15〜2.17	1.42〜1.52	1.56
465〜700	1,400〜1,550	630	1,500〜1,550	1,060〜1,335	900	180〜210	1,700〜2,100	1,650
30〜300	2〜7	1〜2	0.9〜4	1.3〜4.5	1.8	250〜330	10.5	3
						155	2,000〜2,600	
							2,500〜3,000	2,400
1.4〜3.8	8.7〜11	<2.7	6〜8	13〜21	8.7	不破壊		
M94〜101	M90〜100	R123	R123	R60〜63	R79	D60〜80	(R126)	R128
							結晶性	非晶性
						204	250	
21〜38	210〜225	135	250〜265	337〜335	319		300	245
	243					69.8		
非分解		非分解		非分解		非分解	非分解	非分解
PETボトル コイルボビン 家電部品		コネクタ ギヤ 自動車部品 スイッチ 燃料電池部品		コネクタ 電子部品		高温絶縁部品 高周波機器 電線被服	耐熱部品 電子部品 航空機部品	半導体ケース 耐熱部品 航空機部品 自動車部品 電子部品

第4章　技術資料編

JIS 試験法	ASTM 試験法	分類	熱可塑性プラスチック			
			植物由来バイオプラスチック		生分解性樹脂	
		樹脂名	ポリ乳酸		ポリブチレンサクシネート	エポキシ樹脂
		グレード	一般	耐熱性	一般	
		充填材	—	層状珪酸塩	—	ガラス繊維
		略号	PLA	PLA	PBS	EP
成形加工性		乾燥温度（℃）	80（除湿乾燥）	80（除湿乾燥）	70	—
		乾燥時間（hr）	5	5	5〜6	—
		射出成形シリンダ温度（℃）	180〜220	180〜200	150〜200	—
		キャビティ表面温度（℃）	10〜30	100〜110	10〜30	160〜220
		射出成形充填圧力（kgf/cm²）	1,000〜2,000	1,200〜2,400	500〜1,000	—
		圧縮成形温度（℃）	—	—	—	149〜165
		圧縮成形充填圧力（kgf/cm²）	—	—	—	21.1〜35.2
		成形収縮率（%）	0.3〜0.5	0.3〜1.0	1.5〜2	0.1〜0.5
機械的特性	K6911.K7112	D792	比重（密度）	1.25	1.24〜1.49	1.24〜1.26	1.6〜2.0
	K6911.K7113	D638	引張強さ（kgf/cm²）	570	410〜990	240〜300	700〜1,410
			伸び（%）	2	<1		4
	K7208		圧縮強さ（kgf/cm²）				1,760〜2,810
	K7203		曲げ強さ（kgf/cm²）	1,060	770〜1,020		700〜4,220
	K7110.K7111		衝撃強さ（アイゾット）（kgf・cm/cm）	0.3	0.4〜4.3	0.7〜4.6	10.9〜163
	K7202	D785	硬さ（ロックウエル）				M100〜110
			非晶性・結晶性	結晶性		結晶性	
熱的性質	K7206.K7207	D648	耐熱温度（連続）（℃）	50	105〜120		149〜260
			荷重たわみ温度（℃） a) 曲げ応力 18.6 kgf/cm²	56	59〜155		121〜260
			b) 曲げ応力 4.6 kgf/cm²	58	100〜163	57〜91	
分解性				生分解性	生分解性	生分解性	非分解
用途				使い捨て食器 食品包装 乳製品容器 農業資材 ティーバッグ	幼児食器 薬品ケース 玩具	食品包装 使い捨て製品 日用品 雑貨	弱電部品 絶縁ケース 半導体素子 IC封止 トランス

		熱硬化性プラスチック						
メラミン樹脂	ジアリルフタレート樹脂	フェノール樹脂			ユリア樹脂	不飽和ポリエステル樹脂		シリコン樹脂
			高衝撃	高強度			SMC	
繊維素	ガラス	—	木粉・綿	ガラス繊維	αセルロース	ガラスロービング	ガラス繊維	ガラス繊維
MF	PDAP	PF	PF	PF	UF	UP	UP	SI
—	—	—	—	—	—	—	—	—
—	—	—	—	—	—	—	—	—
—	—	—	—	—	—	—	—	—
160〜170	140〜170	150〜200	150〜200	150〜200	120〜150	100〜200	100〜200	120〜150
—	—	—	—	—	—	—	—	—
138〜188	143〜193	132〜160	143〜193	149〜193	135〜176	76.5〜160	132〜176	154〜182
105〜562	280〜350	120〜260	120〜334	70.3〜422	141〜562	17.6〜141	21.1〜94.4	70.3〜350
0.5〜1.5	0.1〜0.5	1.0〜1.2	0.4〜0.9	0.1〜0.4	0.6〜1.4	0.02〜0.2	0.1〜0.4	0〜0.5
1.47〜1.52	1.51〜1.78	1.21〜1.3	1.34〜1.45	1.69〜2.0	1.47〜1.52	1.35〜2.3	1.65〜2.6	1.80〜1.94
490〜910	420〜770	492〜562	352〜633	352〜1,270	387〜914	1,050〜2,110	560〜1,410	280〜457
0.6〜0.9	3〜5	1.0〜1.5	0.4〜0.8	0.2	0.5〜1.0	0.5〜5.0	3	
2,810〜3,160	1,760〜2,460	700〜2,190	155〜253	1,120〜4,920	176〜316	1,050〜2,110	1,050〜2,110	103〜1,050
700〜1,120	773	844〜1,050	492〜984	700〜4,220	700〜1,270	700〜1,270	700〜2,530	700〜980
1.31〜1.91	2.18〜81.6	1.09〜1.96	1.31〜3.27	1.63〜10	1.36〜2.18	10.9〜109	38.1〜120	1.63〜43.5
M115〜125	E80〜87	M124〜1128	M100〜115	E54〜101	M10〜120			M80〜90
99	149〜204	121	149〜176	176〜288	76.5	149〜176	149〜204	>315
176〜188	165〜232	115〜126	149〜188	149〜188	126〜143	>204	190〜260	>482
非分解	非分解	非分解			非分解	非分解		非分解
食器	スイッチ	ブレーカー			化粧板	ブレーカー		電気部品
取っ手	コネクタ	電気部品			食器	チューナー		
押しボタン	リレー	コンセントカバー			着色剤	整流器フレーム		
つまみ	ブレーカー	水道メーター				玩具		
	コイル					モーターカバー		

◎著者紹介

小松　道男（こまつ　みちお）

小松技術士事務所所長。技術士（機械部門）。
国立福島工業高等専門学校機械工学科卒業。アルプス電気㈱勤務。昭和63年、技術士第一次試験合格。平成3年、技術士第二次試験に27歳で史上最年少合格（当時）。平成5年、小松技術士事務所設立。
（一社）日本合成樹脂技術協会理事・特別会員。（独）国立高等専門学校機構福島工業高等専門学校非常勤講師。特許業務法人創成国際特許事務所顧問。JICA金型プロジェクト国内支援委員、JETRO貿易開発部専門家、日本合成樹脂技術協会金型研究会委員長を歴任。元・フランス共和国ローヌ・アルプ州クラスター親善大使。
LAUNCH：BEYOND WASTE FORUM（米国国務省、NASA、NIKE社等主催）Innovator of Innovators 受賞（米国ベンチャー企業共同創設者として）。平成28年、リヨン領事事務所主催天皇誕生日祝賀レセプションでポリ乳酸特許品が招待展示される。日本機械学会畠山賞受賞。プラスチック射出成形金型の設計製作技術、プラスチック成形品開発、超臨界微細発泡射出成形技術、バイオプラスチック製品開発コンサルティング、技術者教育、海外における技術調査・評価業務（世界19か国）に従事。プラスチック射出成形金型、バイオプラスチックに関する国内外特許280個保有。

●主な著書
「プラスチック射出成形金型設計マニュアル」（日刊工業新聞社）、「プラスチック射出成形金型」（共著）（日経BP社）

事例でわかるプラスチック金型設計の進め方
－2プレート・3プレート・分割構造金型－　　　　　NDC566

2016年10月27日　初版1刷発行　　　　　（定価はカバーに表示してあります）

　ⓒ　著　者　　小松　道男
　　　発行者　　井水　治博
　　　発行所　　日刊工業新聞社
　　　　　　　　〒103-8548　東京都中央区日本橋小網町14-1
　　　電　話　　書籍編集部　03（5644）7490
　　　　　　　　販売・管理部　03（5644）7410
　　　FAX　　　03（5644）7400
　　　振替口座　00190-2-186076
　　　URL　　　http://pub.nikkan.co.jp/
　　　e-mail　　info@media.nikkan.co.jp
　　　印刷・製本　新日本印刷（株）

落丁・乱丁本はお取り替えいたします。
2016 Printed in Japan
ISBN978-4-526-07615-2　C3053
本書の無断複写は、著作権法上の例外を除き、禁じられています。